雨水花园建造

CREATING RAIN GARDENS

孩子光着脚丫在雨水花园中玩耍

海绵城市译丛

雨水花园建造

〔美〕克利奥·乌尔夫-厄斯金
安普里尔·安切弗　　著

刘慧民　宫思羽　王大庆　何如梦　译

中国建筑工业出版社

著作权合同登记图字：01-2021-0076号

图书在版编目（CIP）数据

雨水花园建造／（美）克利奥·乌尔夫-厄斯金，（美）安普里尔·安切弗著；刘慧民等译. 一北京：中国建筑工业出版社，2020.9
（海绵城市译丛）
书名原文：Creating Rain Gardens
ISBN 978-7-112-25299-2

Ⅰ.①雨… Ⅱ.①克… ②安… ③刘… Ⅲ.①理水（园林）－景观设计 Ⅳ.①TU986.43

中国版本图书馆CIP数据核字（2020）第120092号

责任编辑：戚琳琳　张鹏伟
版式设计：锋尚设计
责任校对：王　烨

海绵城市译丛
雨水花园建造
〔美〕克利奥·乌尔夫-厄斯金
安普里尔·安切弗　　著
刘慧民　宫思羽　王大庆　何如梦　译
＊
中国建筑工业出版社出版、发行（北京海淀三里河路9号）
各地新华书店、建筑书店经销
北京锋尚制版有限公司制版
北京中科印刷有限公司印刷
＊
开本：787毫米×1092毫米　1/16　印张：12¼　字数：283千字
2021年1月第一版　2021年1月第一次印刷
定价：68.00元
ISBN 978 - 7 - 112 - 25299 - 2
（33190）
版权所有　翻印必究
如有印装质量问题，可寄本社图书出版中心退换
（邮政编码100037）

目录

致谢

正如雨水花园能反映雨水、景观和生物之间的协作关系一样，

本书反映的亦是一个丰富多样的协作关系。我们在与北美各地的雨水花园园丁交谈后，一起研究创作并撰写了这本书。不仅如此，我们还对2010年和2011年在加利福尼亚州奥克兰举办的实践研讨会的参与者们，进行了现场评估和设计方法的测试，以便更好地进行创作。

全书贯穿了我们对园艺、摄影、生态设计领域的喜爱，以及对所有自然形式的水资源的热爱。本书也探讨了雨水、阳光、云、土壤、河流和植物等关键因素。

本书中的许多现场评估和设计活动都是与"中水行动"和"东海湾青年科学家学会"（East Bay Academy of Young Scientists）的成员合作完成的。克利奥对可持续水环境的兴趣，是从与水资源环境正义联盟成员的对话，以及与美国土著一起参与尼斯奎利、克拉马斯、埃尔瓦和克拉克福克河的修复项目中逐渐形成的。他希望人类之间的这种协同合作精神能在本书中得以充分的体现。

我们要感谢所有分享雨水花园创造方法并提供专业建议的园丁们，特别是大卫·海梅尔、布拉德·兰卡斯特、布洛克·多尔曼、珍妮特·多尔纳和克里斯托弗·申恩。来自西雅图、波特兰、韦恩堡、查尔斯顿、伯克利和旧金山等城市的雨水花园设计指南的作者，来自低影响开发领域的专家们，回答了本书的诸多技术问题，并拓宽了本书的范围和领域。奈杰尔·邓尼特提出了英国的观点、案例研究和对本书初稿有益的评论。尽管如此，书中可能还有些许错误或遗漏，为此我们将承担全部责任。同时非常感谢朱丽·桑德拉·丁伯普斯出版了这本书，丽莎·迪多纳托·布鲁斯—西乌和伊芙·古德曼在文字和图片编辑方面给予的诸多帮助，特别感谢Timber出版社的工作人员将这本书带给这个伟大的时代。

克利奥首先要感谢乔尔·格兰兹伯格向他介绍了集雨一体化设计和集水的传统知识；并在布洛克·多尔曼和布拉德·兰卡斯特的帮助下，培养了他阅读风景和大自然的良好能力；其次感谢劳拉·爱伦和许多管道施工工程人员从始至终都一直在参与项目的施工与合作；同年7月，科尔借助于小径、独木舟和皮卡车开展水上探险，借此来抒发他与普通民众所持的不同观点，并阐明自己对收集雨水与景观间的哲学视角，以及规划该类景观的"流程"图；本书还得益于与安德里亚·德尔莫拉尔在艺术、政治和水资源领域的十年合作与积累；而且杰西卡·迪亚兹和哈里克·马森正在就社区雨水科学问题与本书作者进行沟通与交流。作者还感谢与艾米莉·阿戈斯托和安妮·布莱尔在南卡罗来纳州雨水花园设计与实施过程中的各种合作；还要感谢他的母亲格雷琴·乌尔夫对初稿的审阅和修改；感谢他的父亲彼得·厄斯金拍摄的俄勒冈雨水花园的照片；以及父母对他过去和现在所从事的雨水花园的实践与探讨的一贯支持。最后非常感谢美国林业局在沙斯塔山附近的圆山瞭望台，正是在那里观察了一个月的天气，他开始执笔写作本书。

安普里尔要感谢比尔·威尔逊，他是环境工程和生态设计领域最伟大的导师，能够与安普里尔分享他在该领域多年的经验并和他讲述如何界定最好的自然景观。她要感谢丈夫亚历克斯让每一个项目变得更加美好，也感谢女儿娜拉和瑞亚让生活充满爱与欢乐。安普里尔更加感谢她的母亲激发了她对自然和园艺的热爱和激情，同样感谢她的父亲，不断鼓励她的好奇心、肯定她所获得的各种答案，还要感谢她的姐姐，尽心竭力地提供了踏实可信的指导。最后，感谢世界各地的集雨精英们，正是他们的努力，才创造了一种有新意的水资源利用文化和理念。

大量的雨水直接排入附近的小溪或河流中

水中的花园 花园中的水景

午夜的雨，你听到了吗？仿佛在梦中雨水从屋顶滑落。早晨，乌云低垂在城市上空，雨滴又轻轻落下。室外，雨水从你的屋顶上倾泻，沿着悬挂在排水沟上的大钟弹射回来，溅到一块块又大又平的景石上。雨下得更快了，越下越大，急速穿过你的视线，越过景石溅落在长满青草的洼地上，接着就涌进了长满灌木和草本植物的浅洼地中，最后水从洼地中涌出，并在花园里形成了小水池。当雨水从洼地中开始溢出时，云层却越来越薄，太阳喷薄而出，突然间雨水花园里，树上落满了鸟儿，青蛙们躲在阴影中欢歌，这时雾气从汀步和落叶中升起，水池中的水随之慢慢渗入地下。

这就是一个雨水花园：一处简简单单的洼地，每次雨后都会变成一片湿润的绿洲，在暴风雨中，景石和湿地植物唤起了流动的雨水，雕塑般的雨水流线表达着雨水从屋顶流到地面，一处雨水花园重现了草原泥沼和林地沼泽，后来这些泥沼被填满并铺成了现在的城市和郊区，创造了一处处可利用雨水来浇灌的茂盛绿洲。如果每一个落水管都通向一个雨水花园，只有很少的雨水会沿着街道和雨水管道流走，在这样的情况下，城市中暴发的汹涌山洪和内涝就会成为过去，人们将利用技术措施避免雨水将屋顶、街道和雨水排放口的污染物冲入附近的湖泊或河口，保证雨水充分渗入土壤，重新灌溉干燥的大地景观，并为土壤蓄水层补充水分，涵养

水源。从雨水循环利用的角度而言，我们的城市和郊区看起来更像自然生态景观。

也许你的房子可能离海滨很远，但你的花园就坐落在河流（或湖泊、池塘和沼泽）或流域上，从某种意义上说，河流中的水首先流过了你的花园。汇集的河流不仅仅是一条水流，该流域流经的屋顶、街道、田野和荒地都将涵盖其中。任何施用于花园的杀虫剂或化肥，以及落在屋顶和街道上的每一滴油污或者每一片灰尘，都将落入水体之中。城市、郊区或乡村景观的每个排水面都是收集雨水的源头，抑或是美丽且兼具多种功能的雨水花园集水区。

雨水花园还是一种生活用水处理系统，它能收集沿着下水道或街道排水沟慢慢渗入地下的雨水。因为土壤是污染物的天然过滤器，当雨水经过土壤过滤，最终流入河流、湖泊或附近的沼泽时，雨水就会变得干净而清爽。在珍贵、稠密的城市社区或任何空间中，通过植物和土壤过滤雨水径流的理念，可以适用于城市中的任何屋顶、垂直表面，以及路面下的土壤。这些由生物主导的雨水处理策略，共同构成了低影响开发的前沿领域。

一处家庭雨水花园能收集落在你庭院各种地貌中分水岭内的雨水。如果你住的庭院位于山顶上，那么你庭院中的分水岭所占的面积刚好与你的庭院面积一样大。如果你的住处低于山顶，你庭院中分水岭所占的面积比

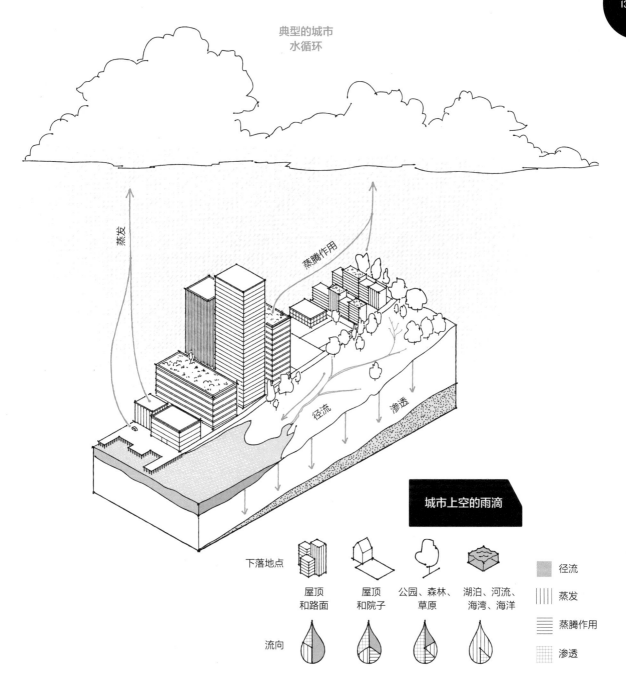

典型的城市
水循环

蒸发

蒸腾作用

径流　　渗透

城市上空的雨滴

下落地点

屋顶
和路面　　屋顶
和院子　　公园、森林、
草原　　湖泊、河流、
海湾、海洋

径流

蒸发

蒸腾作用

渗透

流向

社区成员用雨水花园取代沥青操场的一部分

你的庭院面积还要大，因为它还涵盖又回流到你庭院中的分水岭内的高处的雨水。

本书将教会你，怎样将你的庭院中分水岭内的降雨变成一处雨水花园。书中我们首先解释了如何规划你的庭院分水岭边界，以及怎样收集流经各种地貌景观的雨水流量；接下来，我们将说明如何测量在一次典型风暴中落入你庭院中分水岭内的雨水量，并进一步计算出你可以收集并渗透到你的雨水花园中的雨水量。书中我们还提供了关于施工、种植和维护雨水花园的详细讨论和说明，并且我们也讨论了在雨水花园中收集和利用雨水的其他方法，从雨水桶到活性屋顶和墙壁，再到可渗透的路面。最后，我们用一个章节来说明，雨水花园是如何完成对其所在流域环境的恢复及其恢复策略的。

为什么要建造雨水花园？

建造一处雨水花园有三个令人信服的理由。一是实用性。一处雨水花园可以让你通过与大自然合作而不是对抗来保护自然资源。二是私密性。雨水花园可以是一处视觉上令人感兴趣，并可实现低维护功能的家庭景观，它提供一幅每个季节甚至每一天都处在变化中的、动态的、活泼的水景画面。三是文化性。在邻里或城市的尺度上看，雨水花园可以创造新的水与人之间的关系，除了河流、湖泊、湿地的恢复和中水再利用等水源保护策略之外，雨水花园每天都在提醒对当地水资源环境的依赖和影响。无论你是出于实际环境、个人需求或公共发展的考虑，还是这三者的相互组合。这本书都是精心为你准备的。

我们对雨水花园的认知观点，虽然引发了一些陌生的见解，但本书中给予了充分的解释并展开优先讨论。雨水花园强调美丽的、多功能的植物景观，并且它能一直提供食物、空间格子架构或建筑材料，不仅如此，它还能改变气候环境，提供野生动物的栖息地。雨水花园自身水循环可以降低花园的人为供水，因此不需要额外的人工灌溉。我们希望通过实践，解释如何制作简单的工具和设施来建立你自己的雨水花园。本书中虽然提到需要专业咨询的特殊情况，但您仍可以在创造雨水花园过程中的任何阶段咨询专业人员。雨水花园提供了诸多的好处，而其前期投入和持续劳动却很少。收集雨水可以通过雨水蓄水池、可渗透雨水的人行道以及活性屋顶和墙壁这些主要的集水方法。

为什么河流湖泊也需要雨水花园

时间来到了20世纪80年代末，当雨水花园这个词出现在美国时，大多数人都深知工业化时代将河流、湖泊和湿地处于困境之中。水坝和堤坝的阻塞转变了河流的走向，改变了鲑鱼游动、青蛙产卵和河边树木种子发芽的自然水体的循环。各种下水管道和工厂向河流、湖泊和河口排放各种污染物，使水生动物中毒，并且在那

是什么污染了我们的水源？

《美国洁净水法》（U. S. CLEAN WATER ACT）针对的是我们熟知的污水管道和污染工厂这些水污染源头，这些地方被称为点源污染源，因为它们将有害的化学物质或污水从单一管道排放到复杂的水体中。这项立法要求处理厂积极有效地减少这些源头的污染排放，带来的益处是成千上万的湖泊和溪流变得更加清洁和安全。如今，一些相关的监管机构正在寻找清理街道、屋顶、农场和风景区径流的方法，这种径流被称为非点源污染，因为它涉及了一个很大但又很少被调控、甚至不能被检测的水质问题，例如，最近的一项针对普吉特湾的研究表明，普吉特湾内75%的污染物来自非点源污染源。石油、化肥和杀虫剂会伴随雨水冲刷城市和郊区的景观，并流入附近的水域，这是由于伐木、采矿和农业生产形成的径流造成的综合问题，而雨水花园的建造正是一种简单、经济、可持续的减少非点源污染的方法。

里捕鱼或游泳的人也因此患病。雷切尔·卡森1962年创作的《寂静的春天》吸引了一代人对水环境的关注力，其后的一系列法规，包括1972年的《美国洁净水法》和1970年的《澳大利亚洁净水法》，反映了人们对人类正在毒害生物圈并破坏其维持生命的生存能力的担忧。

在20世纪的后半叶，城镇的疯狂扩张远超出创造者最初的梦想。正如建筑屋顶、人行道、铺装广场取代了森林、田野、草原和绿地。雨水的径流量也随之增加了，溢满甚至大大超过设计定额很小的居住点的小溪和防洪通道。在雨水口与下水道口结合的地方，暴风雨现在将未经处理的污水直接地排入河流和入河口，持续的污染还造成海滩关闭，限制了捕鱼业，威胁了公共卫生环境、人们生活质量和当地的多种经济发展。减少这些污染水定期泛滥的动机部分是出于法律需要，部分是基于公共卫生问题，部分是基于文化要求。在全球范围内，水法规越来越要求城市和乡村减少流入其水域的垃圾、石油、未处理的污水、杀虫剂和其他污染物。但是，怎样才能清理掉垃圾和喷溅到城市景观中的油滴呢？当然最好的策略是预防污染，最好的步骤是在进入标准流程之前捕获和处理污染物，然后开展下一个环节。

使用下凹绿地渗透雨水径流的想法起源很早。在20世纪70年代，一个全新的生态设计领域从生态系统中脱

下图：
经典的阿米巴式雨水花园

右页图：
雨水花园中的这些陶罐，可以是美学艺术构图的焦点

颖而出，其主张生态设计对于人类生存具有许多的内在价值及许多其他的价值，其中包括自然资源、清洁的空气和水以及气候调节。雨水花园正是生态设计的一个突出典型的例子，它与自然的生态系统合作，将受污染的雨水（或暴雨）转化为有益的淡水资源。在工业化发达的国家，雨水花园已经被证明是湖泊、河流、湿地和河口修复中不可或缺的一员，它通过截留和过滤污染物和洪水、补给蓄水层丰富的雨水和在城市和郊区创造野生动物栖息地来修复湖泊、河流、湿地和河口。最重要的是，庭院雨水花园每天都在提醒着人们，自然水循环和人类活动是如何影响着当地的流域系统。

在切萨皮克湾、大沼泽、普吉特湾、安大略湖和默里达令盆地等许多大流域，展开的恢复工程包括雨水花园、活性屋顶、透水路面和其他生态设计策略，以减少污染和洪水，并恢复城市环境生物多样性的绿色空间。毫无疑问，雨水花园的设计是这些策略中令人印象最深刻的办法，因为雨水花园从野生动物栖息地到被动降温再到污染物的去除，都是一个简单的、植被覆盖面积大的、提供了诸多的环境效益的设计策略。

你拿起这本书，可能是因为你想保护水资源，或者担心当地小溪的水被污染，或者你在你的花园中创造野生动物栖息地，又或者因为你想要一个低维护、环境可持续的雨水花园景观，再或者仅仅出于好奇心。无论你的出发点如何或是你基于怎样的背景，本书终将详细地解释如何设计、建造、规划和维护你梦想中的雨水花园；向你展示如何将雨水花园与其他庭院水系统（如雨水桶和活性屋顶）集成在一起；并鼓励您将雨水花园艺术传播到您身边的每一个地区。

花园里的水池

被茫茫森林、绵延的大草原、灌木丛和沼泽地吸收掉的大部分雨水，首先落在树叶、针叶和草叶上，然后落在腐烂的有机质层中，最后落在土壤孔隙和真菌网络中。雨水慢慢地从植物滴落到地上，在绵长的雨过后才慢慢流走。雨停之后，水流缓慢地沿着山坡流到地面，在暴风雨过后几天或几周后到达一处湖泊或小溪。相比之下，落在屋顶和街道上的雨水会迅速流到最近的雨水渠中，在雨水下落几分钟或最多几个小时后，雨水就会冲向湖泊或溪流。通过在全市建立蓄水池，在流域内种植增加渗透能力的植物，以及将排水口和排水沟引向这些雨水花园，我们可以减缓流经城市各个景观的水流，并在土壤中捕获污染物。这样，污染物的危害远远小于它直接进入水域中。

无论你在雨水花园中使用当地的或外来的植物，你都在模仿自然生态系统，这些生态系统可以将雨水储存、过滤、缓慢地释放到溪流、湖泊和湿地系统中。大多数雨水花园对植物的选择是采用当地的植物和耐旱的非当地植物的混合，因为当地植物与当地的水循环非常协调，几乎不需要肥料或杀虫剂就能很好地生长，因此它们是雨水花园里最常见的选择。

案例分析

在厂址上的公共花园

奈杰尔 · 邓尼特（Nigel Dunnett）

地点： 英国考文垂

设计师： 奈杰尔 · 邓尼特、阿德里安 · 哈勒姆（Adrian Hallam）

建设时间： 2006年春季

雨水花园规模： 280m²

年降雨量： 67cm

设计具有商业属性的雨水花园，不仅要符合水敏感设计原则的要求，更是极好证明和实践了如何给其他贫瘠且毫无生气的地方带来生机。此外，设计师们还指出，为了不超出绿化规范的范围，首选是在特定位置使用雨水花园来实现大面积的、多种多样的种植。

设计师们发现，一项重建计划导致停车场面积和场地上新建筑物数量的增加，管理人员注意到在夏季暴风雨过后，场地上滞留的雨水也显著增加了。坚硬的硬质铺装面积的增加，产生了更多的雨水径流，但是现有的排水系统需要重新维护升级，才能保证增加的雨水及时排出，但是目前场地内的管道不再具有足够的直径来处理增加的水量，排水系统的过载导致径流水回流到工厂内，甚至脏水回流到盥洗池和浴室区域。

解决这个问题的当务之急，是挖掉场地内现存的排水系统，用费用更高、直径更大的管道代替目前的排水管道。当时，我们的设计团队正在现场建造绿色屋顶。我们建议通过雨水花园的设计与施工来减少雨水径流量，从而使现有管道得以保留。这样的措施，业主就可以为工厂的工人们创造出美妙的花园和娱乐空间，比传统的安装较大管径的管道工程方法花费也更少。

我们设计师团队大胆地创建了两个大的集雨区域。首先，通过去除场地内现有的沥青铺装表面，在工厂自助餐厅旁边建立了3m宽、60m长的种植区，该雨水花园的面积范围内被挖掘到0.9—1.2m的深度。在这些下凹绿地或盆地的底部，我们放入碎砖瓦砾和其他可排水的材料的混合物，然后再用一些人工免排水基质回填挖掘区，该基质由80%的碎砖和20%的常规堆肥组成。餐厅门外的露台挑台也被纳入设计之中。将相邻建筑物间的下水管道果断的切断，屋顶的雨水就可以直接排入新的雨水花园中。

第二个区域是在现有混凝土基础上建造的。由于无法移除这种混凝土，所以这处雨水花园与众不同（6m×15m），它被创建为保留了现有混凝土表面的大型种植区。

植物植根的生长培养层被设计为45cm的最大深度，包含边缘在内。雨水再一次的从现有的屋顶转移和引流到雨水花园里。

大面积的种植区，种植了多年生植物，取代了一部分之前的停车场铺装，带来了舒适惬意的体验，否则这里仍然是一处贫瘠的场地

雨水花园美学设计与实践时遇到的思考

雨水花园可以像一个正式的花园，也可以是一个野生的河边灌木丛或果园。雨水花园与日本和中国园林有着共同的设计元素——植物、景石、汀步、陶罐和自然水景——并且可以表达出这些园林的风格。雨水花园也可以与池塘或其他水景很好地融合，通过引导雨水到雨水花园中，然后收集和渗透溢流的雨水。

雨水花园的大小，可以从浴缸大小的洼地到路边带状绿地，或城市街区长度的中等植物园不等。你的雨水花园的大小取决于你要收集多少雨水，以及你要投入多少空间来收集雨水。如果你有一个大的室外庭院，你可以设计一个大的雨水花园来渗透整个屋顶和所有铺装场地内的雨水，如天井、车道和人行道等。

雨水花园一旦建成，它的维护费用非常低，因为它们不需要灌溉，只需要偶尔除除草。它们有两个关键特点不同于其他类型的花园。首先，因为雨水花园在设计之初就具备减少雨水污染的功能，所以不应该施肥或喷洒杀虫剂或除草剂。相反，它仅需要使用堆肥、配套种植和生物害虫防控就可以。其次，雨花园不仅仅是一个下凹绿地。它还包括屋顶、排水管、下水道、收集管道和运输雨水的渠道。通过这些设施才可以将雨水从屋顶移动到雨水花园中，所以说传输雨水的系统与流域系统本身一样的重要。

屋面径流雨水通过排水沟、雨落管和地埋排水管到达雨水花园并被收集

在这两个案例中，雨水花园都吸收了附近屋顶和附近停车场的水分，但是雨水花园的建设中，不得不考虑该部分不透水表面，用等效的植物可生长的排水层面积替代，因为生长介质的排水能力很强，而且这些位置被暗黑的沥青所包围，所以植物要能适应雨季的温暖以及周期性的洪水泛滥淹没。

基于此，一个崇尚自然主义的，类似草甸般的方案被设计出来，提供了一个非常长的花期，仅需要简单的维护需求，在冬季末仅需要一次修剪就可以的雨水花园，花园中的主要

雨水花园接收来自于建筑物雨落管和工人自助餐厅外的平屋顶上的雨水

植物有紫露草、细针茅、密苞"银羽"草、"月光"紫茉莉、茜草、石蒜。

雨水花园范围内的工厂工人和经理都成为受益者。从斯塔克停车场到艾伦伯兰特花园的转变惊人而迅速。雨水花园对工厂的生态环境与工作条件产生了很大影响，在植物景观方面也带来了很大的益处。停车场管理员的办公室就坐落在花园区域的入口处，管理员经常被要求识别出这些植物种类，因为工人们想在花园的入口处更多地使用它们。工厂经营者也能获得宣传雨水花园的机会和营销雨水花

园的收益，因为它对可持续实践、发挥生物多样性和水资源保护具有积极的意义。

工厂的所有者们几乎不可能，事实上也绝对不可能同意更换雨水花园。园区内约280m²的停车场内，有新鲜的花园和高品质的植物，纯粹是为了舒适或美化环境。但是通过采取更加生态的方法，工厂能够解决洪水溢流和排水问题，并为工人提供了极好的淡水资源，这一切也恰巧更加符合工厂运营的成本效益。

雨水花园的构成元素

雨水花园有许多不同的名字：渗透盆地、植物洼地、下凹绿地、生物沼泽地和雨水土方工程池。在本书中，我们指的是任何能渗透雨水，并且低于地坪的洼地、盆地或者凹地。澳大利亚的一个术语更是普遍存在于种植业领域：向下倾斜的洼地是导流洼地，水平洼地则是轮廓洼地，顾名思义，导流洼地能将雨水引向雨水花园，而水平洼地则沿着水平等高线排列，并能保证雨水汇集到洼地里并渗透入土壤中（一些雨水也可能渗入到导流洼地中）。雨水土方工程池是雨水花园、导流洼地、渗入式池塘和其他直接建在地下的雨水截留设施的总称。

渗透雨水：凹地和洼地

经典的雨水花园一般是宽阔的且大致呈圆形，经常有变形虫般曲线形的延伸。雨水花园里是可以有直线设计的，但是单纯的矩形一类的直线边缘比呈曲线凹凸或延伸形状的面积要小得多。如果你的雨水花园处于长方形的庭院或路边地带，可以考虑一个更复杂的如盆形的曲线边缘来创造更多的视觉情趣。复杂的形状增加了边缘相对于盆地面积的视觉长度，长的边缘和不同的斜坡为植物和野生动物创造了更多微小的生活环境。圆形或矩形盆地适合坡度高达15%以内的场地。然而在陡峭的场地上，重要的是：

要把雨水尽量均匀地分散到整个景观中，因为在一个特定区域内渗透入大量的雨水（就像典型的圆形或矩形

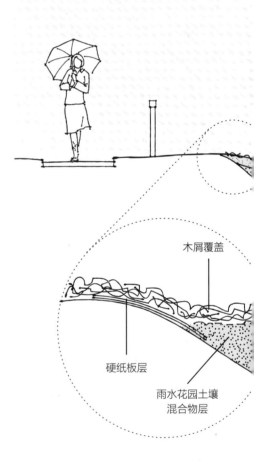

木屑覆盖

硬纸板层

雨水花园土壤混合物层

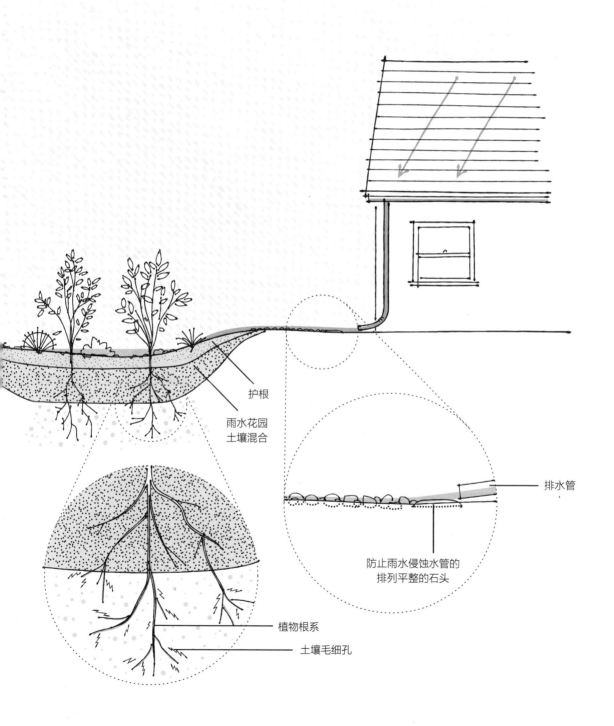

护根

雨水花园
土壤混合

排水管

防止雨水侵蚀水管的
排列平整的石头

植物根系

土壤毛细孔

雨水花园种
植者在一个
小的空间内，
收集流动的
雨水和处理
雨水径流

盆地那样）会导致滑坡，在这种情况下，一个相对长且窄的雨水花园就是一个更好的解决方案。我们可以利用盆地不同的生长区，在盆地底部种植喜水湿或耐水湿的植物，沿着凸起的护堤种植果树或灌木，进而最大化地保证土壤的稳定性，这样所有植物的根系会长成纵向延伸的冰晶状，缓慢地沿着斜坡向下移动，并渗透到盆地底部以更好地渗透雨水。

雨水径流：排水管、导流洼地和地下管道

导流洼地是将雨水从一个位置流动到另一个位置的水层较浅的水渠。它类似于水平洼地，但是它的主要功能是移动雨水而不是渗透雨水。导流洼地可以用草坪或地被种植，再用鹅卵石或河岩砌成。排水通道也是一种导流洼地，由木头、石头、金属或混凝土制成，它可以把水带过硬质景观（天井、水泥路或车道）。

导流洼地和排水通道将水带过景观表面，这给雨水径流提供了诸多益处。这些结构在视觉上将雨水花园与屋顶或其他集水区的表面相连，对花园的游客来说，它突出了雨水花园对雨水的处理功能。这种表面暴露的结构易于检查堆积的碎片，堵塞时也易于清理。

雨水也可以通过下水口或更大尺寸的地下排水管悄无声息地流入雨水花园，排水管可以把雨水输送到人行道或草坪下面，并沿着比地坪更陡的斜坡流动。硬质聚氯乙烯和柔性波纹排水管都适用于雨水花园的雨水径流。

集雨：屋顶、车道和其他表面

你也许并不认为屋顶是你庭院中景观的一部分，但它的确就是古老的阿拉伯雨水花园的重要组成部分。集雨区包括存放雨水的表面，包括屋顶、车道、天井或草坪。街道和停车场的雨水径流也可以渗入雨水花园。任何类型的屋顶或铺装表面都可以为雨水花园捕获并收集雨水，但请不要使用停车场或街道的雨水径流在雨水花园中种植可食用的植物，因为植物可能从高度污染的径流中吸收重金属，而危害健康。

如果你的屋顶设计有排水沟，你可以使用喷水口或雨落管将雨水从屋顶引流到导流洼地或其他排水管。雨落管还与水渠、喷水口协同工作，这些喷水口能将雨水从最常见的美国西南部的平屋顶引出。如果你的房子没有排水沟，你可以在屋檐底部安装排水通道收集雨水。

> **总结**
>
> "在我们深入了解雨水花园建设的技术细节之前，我们通过一系列的讲述，给您提供一个关于您的庭院和附近自然区域的新认知。我们邀请您在暴风雨时检查您的雨落管，了解您所在地区自然和文化的历史，并制作出地图和庭院草图，以更准确获得流过您的庭院的雨水径流情况。诚然，对建立一个雨水花园来说，这些过程甚至没有一项是绝对必要的，但它们将有助于您设计一个美丽而具有实际功能的雨水花园，并完全适合您庭院的设计条件和您心中的理想目标。请您尝试那些让您喜欢的设计，然后跳过那些您可能不感兴趣的设计。我们敢确定，除本书外，您再也见不到与此相同的雨水资源的处理方式。"

玛丽娜·温顿设计她的雨水花园的目标是：
不仅要渗透大部分的暴风雨径流，还要展
示天然的太平洋西北岸的美丽植物

选择属于你的奇幻雨水花园的规划指南

28

雨水、土壤、岩石和植物

设计的组合方式如此之多，以至于设计你梦寐以求的雨水花园可能是一件令人生畏的事。此外，弄清楚你的雨水花园将如何发挥集雨作用，也是个不小的挑战。但是，在你担心计算屋顶的雨水径流量或重新布置雨落管之前，最好从最一般的角度考虑一下，你想要雨水花园来做什么。你想让它看起来是怎么样的外貌，以及你将如何在不同的季节与它怎样互动，互动什么等，这一切看起来都很好。

本章将帮助您找出什么样的雨水花园最适合您的园艺风格，和您所在的场所前景和限制条件。我们从提出问题开始，这将有助于揭示您想要什么样风格和类型的雨水花园。然后我们引导你探索庭院中的水景。我们将给您描述一个建造雨水花园的最佳地点以及不适合建造雨水花园的场地。与此同时，我们将会送你一些可选的冒险选项，而这些冒险选项不适合本书中叙述的内容。在你所在的地区寻找自然形成和人工建造的雨水花园，并了解更多关于人类活动如何改变你所在地区的雨水流量；参观一个示范

性的雨水花园、自然历史博物馆，或开花的路边沟渠，这样可以在雨水花园设计的任何阶段，来激发你的想象力。这些冒险活动还可以让你更好地了解自己的居住地，介绍你认识当地的流域管理人员，并激发出一切与水务工作相关的努力精神。

雨水花园的设计可以大致粗略或相当精确和复杂，这取决于你是采用更舒适的经验法则还是依靠精确计算来设计。如果你回避数学，我们建议你采用正文中提出的经验法则。你可能最终会拥有一个稍微大于实际需要的雨水花园，尽管如此，它仍然是一个美丽而实用的集雨系统。如果你对基本几何学很在行，并且对自己的计算也很有信心，那么从经验法则开始，然后用在正文中额外给出的工程师的计算方法来检查你的设计。无论如何，都不要跳过本章中概述的目标或场地评估的练习——两者都是成功建造雨水花园的必要条件。我们将规划过程分为三个部分：充分考虑你对雨水花园的创造期许，积极探索你庭院中的集雨区域，准确评估你的雨水花园的潜在地点。设计过程并不是一个线性的过程，我们喜欢把它看作一个循环的过程。参观示范性的雨水花园或花圃苗圃，可能会引发新的关于雨水花园设计布置的想法，而评估你的场地可能揭示一个雨水花园需要处理的排水问题。如果你在技术上有所怀疑，那么首先回顾一下你梦想中的雨水花园，然后让你的梦想成

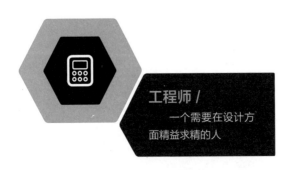

工程师 /
一个需要在设计方面精益求精的人

你想要一个什么样的雨水花园？

要问自己的问题	当地流域的历史是什么？	什么样的天然雨水花园在这里存在？	我的目标是什么？	我的基址蕴含何种可能性？

你希望完成的目标　　食物　　　颜色　　　生物多样性　　　野生动物栖息地　　　水保持

你当前的选址	排水不良的铺装地面	平整的湿地	去除森林的坡地

那里曾经有什么	沙漠绿洲	柏木沼泽	柳树灌木丛

理想中的
雨水花园

短时池塘

恢复性湿地

森林空地

雨水花园中
繁花似锦般
的羽衣甘蓝

真。我们鼓励你循环往复地进行评估、探索，直到你头脑中产生一个你想要的雨水花园的清晰影像，从而实现梦想。在设计过程中，你需要回答以下问题：我所在的集雨区曾经的历史是什么？这里曾经有哪些天然的雨水花园？我所在的场地能做什么？我建造雨水花园的目标是什么？

雨水花园的目标与梦想

你为什么想要一个雨水花园？你需要多少时间、金钱来建造和维护它？你的庭院景观中缺少了哪些雨水花园可以提供的元素？考虑这些问题是开始规划雨水花园的好开端。当你想到你的雨水花园时，想想你要如何使用它。你喜欢在室内做饭和就餐吗？还是喜欢在室外做这一切？你想从你的房间里看到什么景色？你能把房子周边和附近的景观融入你的花园里吗？

雨水收集系统，包括雨水花园，它们变化很大，对它们的设计取决于资金预算、维护承诺、美学概念以及其他目标等，其他目标如：是否需要兼顾粮食生产或兼做野生动物栖息地。一种系统可能适合多种情况，发挥多重功能。

"我想最大限度地利用我院子里的动物栖息地；我不想做园丁所从事的那些大量工作，我仅仅想把屋顶和车道上的雨水都储存在雨水花园里，为河流尽我的一分力量。我的确拥有自己的房子，我还可以买任何

鼓励你的艺术设想

当你梦想着建造一个雨水花园时，请试着通过艺术设想或设计表达你的愿望，同时拿出一些画纸和彩色铅笔或蜡笔，立刻画出你梦想中的雨水花园的样子，再或者从杂志上、各种照片中拼贴出来。这样可以让你洞察到如何原生态地表达自然景观的美，植物如何修剪造型，如何配色使色彩丰富斑斓，这些想法最终会实现成为你想要的雨水花园。

31

32

雨水花园中
可以种植招
蜂引蝶的各
种植物：可
以引来色彩
斑斓的蝴蝶

案例分析

路旁的排水沟渠变成了瑞克和露西·布赖利开辟的开满鲜花的绿洲

地点： 韦恩堡，印第安纳州，美国

设计师： 瑞克和露西·布赖利（Rick & Lucy Briley）

建设时间： 2009年春天

雨水花园规模： 185m²

年降雨量： 90cm

我们的家位于一条笔直朝前且稍微倾斜向下的街道的尽端，但如果是在大雨天，你一定认为我们住在河流上，是的，大量雨水在自然的洼地里流向下一个街道，当它们到达我们的庭院时，雨水径流以其特有的方式流过我们的车道，进入我们的院子，一直流到下水道栅栏处。我们在当地的报纸上，读到了有关雨水花园的消息，于是开始寻找更多的相关信息。没过多久，我们就意识到，雨水花园可以减轻下水道系统的压力，还使我们的庭院更具吸引力。

于是我们参加了一个由市政公用事业部主办的研讨会，几个星期之后，我们就开始挖掘我们的雨水花园。讲习班通过解释土壤类型、入渗率大小、入渗深度、景观布局以及如何改良土壤，给我们提供了巨大的帮助。她还帮助我们获得城市许可证明，可以在地坪上建造雨水花园，并弄清楚应该找哪些部门定位地下服务的管道线路及市政公共方面的事情。

租来的旋耕机简直就是救命稻草。我们用它来松动压实的黏土，直到土壤物理性状得到很好的改良。花园的深度从15cm到30cm不等。我们设计的雨水花园的一端较高，有利于集水，并增加了一些大块的岩石和漂亮的金属元素用来装饰。

雨水花园保留了来自道路雨水的径流，为景观增添了水景的美丽

续

激发你能展开丰富联想的各种问题

▶ 你的雨水花园能模仿什么类型的自然特征或自然景观？

▶ 你喜欢这本书里的哪类雨水花园，还是喜欢当地的雨水花园？

▶ 你的雨水花园如何增强人们的体验？它能提供阴凉、鸟鸣、蒸发冷却和鲜花吗？

▶ 你在雨水花园里想看到什么？

▶ 在夏天的晚上，是什么吸引了你，使你离开房间进入到雨水花园中呢？

▶ 什么景观或景色能促进你走到前门，进而想走进雨水花园？

▶ 你童年的时候最喜欢什么植物？

▶ 什么颜色使你兴奋和感兴趣？

▶ 你创建的雨水花园想为哪种野生生物提供栖息地？

我需要的材料或植物，但是我没有太多的时间进行维护。

而另一些人可能有以下这些不同的目标，需要不同的设计，

我和我的两个小孩经营着一个大果园，我想停止使用软管给果园浇水，我非常想要一个系统，我们三个人都有能力建立并可以安全使用的那种系统，我不想在花园里花100多美元的人工费，因为我们有很多朋友能帮助我们来挖掘场地和施工。"

我们还提供一个能满足特殊需要的系统，该系统将在如下这些限制条件下开展工作："我租了一所位于城市密集区附近的房子，有一处水泥覆盖的小空间，这处空间仅仅有一点点阳光的照射，我想创造一个不需要灌溉的都市中的绿洲。"

尝试以这种方式制定自己的目标（如栖息地）、要求（安全或简单）和限制条件（低维护等）。为了更好激发你对雨水花园建设目标的预想，想象一下雨水流过你所在场地管网的管道，流过建筑物、屋顶、草坪、街道，流入下水管道。然后请写下这些问题的答案：

▶ 现在雨水在场地里能用来做些什么？

▶ 你想要它做什么？灌溉果树，还是种植开花的绿洲，抑或是填满置于庭院中的供小鸟戏水或饮水的水盆，或使天井降温更加凉爽？

▶ 除了收集雨水，一个沼泽地或雨水花园还能做什么呢？比如，沼泽地的护堤同时也可以是隆起的小路吗？高大的植物能阻挡街道上的尘土和噪声吗？

▶ 在你的景观方案中有没有地方因为渗透更多的雨水会引起麻烦的？

在考虑达成的目标的时候先要确定你的

接下来，我们种植了印第安纳州本土的植物：紫菀、毛地黄（洋地黄）、粉红紫菀、紫菊、大花半边莲，半边莲种植完成后，我们覆盖了大约5cm厚的覆盖物。

现在我们要开始第三年的雨水园丁生涯了，美丽的雨水花园，对改善庭院环境起到了很大的作用。我们注意到，在每次大雨中，雨水开始流过车道，但随后就被吸收进雨水花园。雨水降落快达到几英寸之多了，我们才能看到雨水从花园下端的岩石护堤上溢流出来。和大多数雨水花园一样，雨水花园可能是一项正处于前沿状态的工作，在你找到适合自己庭院的雨水花园的风格与形式之前，不要害怕尝试新的想法和理念。

庭院主人瑞克、露西·布赖利和他们的雨水花园

首要任务，雨水花园是以特定的植物（例如提供食物、提供居住、浓密的灌木、吸引蝴蝶或开紫色花的植物）为特征，还是以雨水花园的风格（正式的或野生的）为特征？不太明显的目标还可能包括清除草坪、处理沼泽地或因为阴凉的位置没有植物生长，减少了你对地面景观浇水和施肥的需求，也可以为孩子们提供玩耍的机会，并增加一处私密的环境和空间。

你梦想中的雨水花园的美

大多数人都有梦想中的房子、梦想中的汽车，或者梦想中的工作室，所有园丁也都有一个梦想中的花园。尽管你可能不完全了解它，但你也一定想拥有一个梦想中的雨水花园——然而这仅仅只是个梦想而已。在这里，我们关注的不仅仅是雨水花园发挥的功能，而且还强调对雨水花园的审美体验和感受。

雨水花园以明亮的颜色、飞舞的蜻蜓和鸟类以及各种质感、颜色、气味和声音受到人们的普遍喜爱。木头、石头和覆盖物等为蜥蜴、青蛙、蝾螈和昆虫提供了很好的栖息地，也为孩子和热爱自然的成年人提供了不可抗拒的游乐场。雨水花园的设计，为很多稀有和美丽的蝴蝶和鸟类提供了饲料和庇护场所。花草的香味能唤起人们良好的情绪和记忆。尤其是雨后，蜂鸣悠悠、树叶沙沙作响、雨点坠落在石头上，悦耳的声音可以让人感到精力充沛或心情愉悦。在梦见你的雨水花园时，不仅要考虑它的形式，还要考虑它在你手触下或赤脚下的声音、气味和感觉。

夏天的晚上，在联想到是什么美丽景观吸引你进入花园的时候，你可能已经开始梦想建造自己的雨水花园了。你想赤脚在芳香的洋甘菊旁走过，还是在河边的岩石上走过？你喜欢听青蛙的叫声、蝉鸣声及水滴溅在石头上的声音吗？是什么颜色的花或浆果

深深地吸引了你的眼球？

你也可以为你的雨水花园挑选一个主题。也许你想吸引蝴蝶或鸟类，或者为青蛙、蝾螈提供栖息地。找出你青睐的小动物们需要什么类型的植物作为食物或住所，以及它们需要的其他元素，如原木、石头、裸土或小水池。然后拿出各种艺术工具，画出草图或者将这些可能适合组合在一起的元素拼贴成画面。

如果你住在城里，而不是乡村，你可以把山杜鹃花的庇荫处作为你雨水花园的背景。如果你是一个离乡背井的都市人，错过了本土的植物园，你的雨水花园可能会有来自世界各地的植物种类。如果你喜欢可食用

被河水淹没的各种杂草和灯心草，可以在雨水花园的潮湿环境中茁壮成长

的浆果、蓝色的花朵、捕蝇草一类的植物，甚至还喜欢岩石园，你就可以开始想象一个围绕这一主题而组织的雨水花园了。一旦你了解了你的场地和雨水花园里植物的需求，你可以去参观蝴蝶保护区或可食用植物苗圃，并找到能在雨水花园的特定环境下茁壮生长的植物种类。

还要考虑的是，你的家人和朋友如何在雨水花园里生活，你的雨水花园可以是一个被草坪包围的盆地，也可以在花园里建造一个有顶盖的凉亭，这样你就可以在暴风雨中坐在室外，亲眼见证雨水花园里充满雨水。暴风雨过后，所有的汀步都能让你轻易地跨过高出盆地的水面。在庭院里，水车、玩具船，甚至橡皮鸭的存在，都可以让雨水花园成为你孩子最喜欢的地方。沿着通往前门的道路设置一个雨水花园，你将会得到蜥蜴、鸟类和蜻蜓的每日陪伴。

探索你的雨水花园的集水区

雨水花园模仿自然生态系统，捕捉雨水径流并缓慢释放到土壤中，最终流入溪流、湖泊或湿地中。

根据你居住的地方划分，这种自然生态系统可能是一片草原，一片古老的生长着的森林，一片柏树沼泽，或者一片沙漠。因为

资源

了解更多关于你当地河流的情况及其优点，或者采用到你的雨水花园的集水区中。查看一下epa.gov/adopt（美国）或http://www.rivernet.org/welcome.htm（全球）。你可以找到一个简单的水生植物识别指南，这些植物适合在奥地利、北美或欧洲的溪流货水域中使用，网址为:www.roaring-fork.org/images/other/aquaticinverte-bratesheet.pdf。

雨水花园的植物应该适应和承受当地降水的变化，所以当地植物是一个最佳的首选。为了获得设计灵感，去认真细致观察当地的小溪、河流、池塘、沼泽或湖岸边的植物。

但如果当地各种形态的水体被隐藏了怎么办？如果沼泽被周边的邻居给填满了，如果河滩被防洪堤或河流给隔开了，如果湖岸被乱石堆所包围，或者如果小溪流过街道下面的排水沟，这些情况下我们看不到植物，更看不清集水的区域，请不要绝望。可以从自然历史书籍和相关网站、本土植物协会和当地博物馆记载的资料开始，去探索你的雨水花园的集水区。不管你所在的地区是大草原、森林、沼泽、洪水泛滥的平原还是沙丘，考虑一下水是如何流过地表景观的。雨水是否降落在松针或橡树叶上，然后滴落在一层厚厚的灰尘上？径流是否会沿着草的叶片流下，然后渗入长满了草和野花的根部周围的土壤中？排水良好的沙子下面的土壤或浸水的泥浆是分布在泥塘还是在沼泽地？了解你所在位置的历史状况将有助于你选择最佳的雨水花园元素，以此来重建自然和健康的生态系统，并能充分利用雨水。

弄湿你的脚：雨水花园局部集水区勘探

每次下雨时，建议你到溅落雨水的当地的河边走走。如果你发现大量垃圾和油污水，其实这不足为奇，根据环境保护署的统计，美国境内一半的水域都无法畅通，或者无法支撑鱼类和野生动物很好的生存。联合国环境规划署统计，欧洲55条主要河流中只有5条保持了原始的河流状态，澳大利亚有三分之一的河流，在澳大利亚自然资源地图集中被列为受损河流。城市和郊区中，最常见的水污染来源是屋顶和街道产生的雨水径流，这就是为什么北美、欧洲和澳大利亚的一些地方政府正在大力推广雨水花园的真实原因。

从河流的源头，或者你能找到的最高点开始，向下游走去。如果你是在茂密的灌木丛中穿行，那你就很幸运了。由于柳树和其他河边生长的植被的遮阳效果，避免了溪流升温燥热，为鸟类和哺乳动物提供了

雨水花园的设计可以包括收获食物这类主题，比如这个以"成熟和丰收"为特色的雨水花园

重要的栖息地。记录下你所看到的丰富植物（或者勾画出这些植物的特征，并在当地苗圃或植物园做一些相关的研究以识别出它们）。一旦你出现在现场，也许你就会发现诸如海狸坝，它可以给溪流降温，创造湿地，保护鱼类，吸引青蛙，而它们都是对污染环境耐受性很低的敏感生物。所以你想好了吗，你想吸引野生动物到你的雨水花园了吗？

如果你看到光秃秃、泥泞的河岸，你可以思考或寻找新的开发理念，通过移植稳定河岸的植物来增加径流和防止侵蚀。侵蚀给溪流增加了污染物，并且造成泥浆堵塞鱼类产卵场。记下或勾画出什么样的植物正在光秃秃的河岸上扩张生长，这些植物是适应陡峭岸边并防止侵蚀土壤的耐寒物种，可能是解决你所在位置出现侵蚀问题的最佳选择。

许多鱼类，还有燕子、蜥蜴和青蛙，都吃水中的浮游小生物。附着在潮湿岩石上的昆虫幼虫为你提供了水质的线索和现状。石蝇需要纯净的水才能很好地生存，而鼠尾蛆则生活在肮脏的雨水中。问问渔民他们每天都捕捉到了什么，你就可以知道水质情况了。如果你没有看到很多可爱的虫子或鱼类，考虑加入或成立一个地方团体，来帮助恢复你的雨水集水区。

如果你在附近找不到一条小溪，它也可能会被隐埋在雨水沟里。联系你所在地的负责管理溪流的组织，获取雨水排放地图，然后追踪地面上的因雨水排放形成的穿过城市街道的雨溪，你能想象出一条蜿蜒的小溪在那里流动的景象吗？

当你探索雨水集水区的时候，自然要去寻找山坡和经常雨水泛滥的平原地区，那里有着各种各样的植物。如果你的集水区不再有天然的溪流或斜坡，那建议你还可以去附近的自然景观区看看。你可以把这些地方作为你的雨水花园的选择地点。带上一份本土植物的田野指南、一把铲子和一个小小的笔记本，你就可以出发了。

选择一条穿越各种地形的小道——沿着它上山，经过池塘或沼泽，沿着小溪或海岸线。注意溪流和水塘的位置。当雨水沿着泥土小道流下时，会形成什么样的地面图案？雨水从哪里汇集到小溪和沟渠里，那里的地面坡度有多陡？还要注意被侵蚀的迹象和地点——裸露的土壤、崩塌的斜坡、沟壑和泥泞的区域，还要特别注意那些水流缓慢而不泥泞的地方。你可以在你的雨水花园景观中模拟这些自然的沼泽，方法是建造分流洼地，将雨水从雨落管转移到雨水花园。在散步时，寻找能收集并保持水分的洼地，用铲子向下挖土，判断是沙土，泥土，还是黏土。如果可以的话，在连续几天没下雨的时候再回来观察，看看盆地里还有没有积水，如果有积水，那么地表面附近极有可能存在黏土。

注意那些植物生长在自然洼地及其附近，他们是争夺你的雨水花园一席之地的竞争者。你可以看到莎草、芦苇、野草、野花或灌木乔木，比如山茱萸和柳树。

这些植物分别生长在不同的区域，是取决于它们被雨水淹没的深度吗？注意你所看到的植物，它们是生长在阳光下，还是在阴凉处生长，以及它们对水湿的喜爱程度怎样，你能否看到植物上或周围有昆虫或鸟类吗？想一想众多因素中，例如形状、颜色、花朵的不同，或者因为具有可食性或者能成为野生动物栖息地，哪些因素可能使影响您喜欢在雨水花园中所种植物的选择。

雨水的历史与文学：在建造雨水花园之前的你的邻居们

长期居住者们可能还记得，城市化是如何改变雨水流过你的集水区的。在被雨水沟

在道格拉斯一条建成的路边，冷杉树下的这个雨水花园，尽管覆盖着树木四分之一的根系，但因为土壤排水良好，树木的根系保持相对干燥

掩埋之前的当地的小溪里，他们可能经常会去钓过鱼；他们可能还记得，现在只有在拥有藻类的溪流中才能产卵的鱼类，或者光顾如今被掩埋在露天商场下的当初湿地中的鸟类。当你遇到这样的人们，一定记得问问他们陆地景观的变化。小溪干涸了，还是变成了泥泞的沟壑？从森林到农田或者从农田到城市的土地利用变化，是否增加了洪水泛滥的机会？

网络地图（如Google）是寻找集水区位置的最有力工具，你可以免费从互联网上下载程序。一旦你找到你住所的位置，在卫星影像图中好好地研讨你的领地。借助影像图给出的三维视图，分析你的集水区有多少面积是被开发了和被铺装了。每个屋顶和道路都是污染源，同时也是一个潜在的雨水花园集水区。看看你的庭院与其他小溪、湖泊、池塘、湿地或泉水的关系。然后可以切换到地形视图，跟踪你庭院所在地内流经的小溪，直到集水区的开始区域（雨水流线的轮廓线越来越接近、沿着水流向上流动的位置和区域）。

如果要了解区域内的分水岭是如何随着时间发生变化的，请使用网络地图的历史模块。模块上的红线代表该航空照片的拍照日期，这些日期通常可以一直追溯到20世纪30年代之久。通过适当向前移动时间，你可能会看到你的社区的建设过程。当你规划和设计你的雨水花园时，你将在现场土地平整并铺装之前，重建截留水源和养分的设施系统。

定位你的雨水花园的位置

评估您雨水花园的位置，可以像在基础地图上绘制水流的粗略草图一样，这时技术含量要求并不很高，也可以是一个细致的高技术含量的设计计划与方案。在这里，我们解释了如何通过在透明胶片底图或拷贝纸上绘制水流、坡度、基础设施和植被以及土壤类型图，然后将它们放在基础地图上，之后对你的雨水花园潜力进行详细评估。基础地图可以是现有的雨水花园的总平面图，也可以是从网络地图上截取和打印的航测图或遥感影像图。

你也可以使用网络地图，来粗略估计你的屋顶面积和潜在的雨水花园位置。网络地图的免费版本中包含一个标尺工具，单位可以设置为英尺、米、公里或英里，或者你还可以直接用卷尺测量屋顶和路面的数据。测量屋顶的长度和宽度，以及其他硬质铺装的集水区面积，如车道和天井等，然后用测得的长度乘以宽度来计算每个面积。在本章工作内容接近尾声时，在工作表上，记录你测量的所有硬质铺装的集水区面积，在下一章工作中，您将使用这些区域的面积，来计算可以从你的雨水花园收集多少雨水。

绘制雨水流向图

当雨水流过你的雨水花园的各个景观时，它所遵循的路径或者你设计的途径，将决定于你雨水花园的位置和面积，也就是，你的雨水花园应该

工程师 /

制图工程师既可以使用单独的透明胶片来绘制每个地点的特征——如水流方向、坡度、基础设施和土壤——这些都会影响雨水花园的布局。也可以使用叠加的透明胶片，这会让你很容易找到雨水花园的最佳位置。

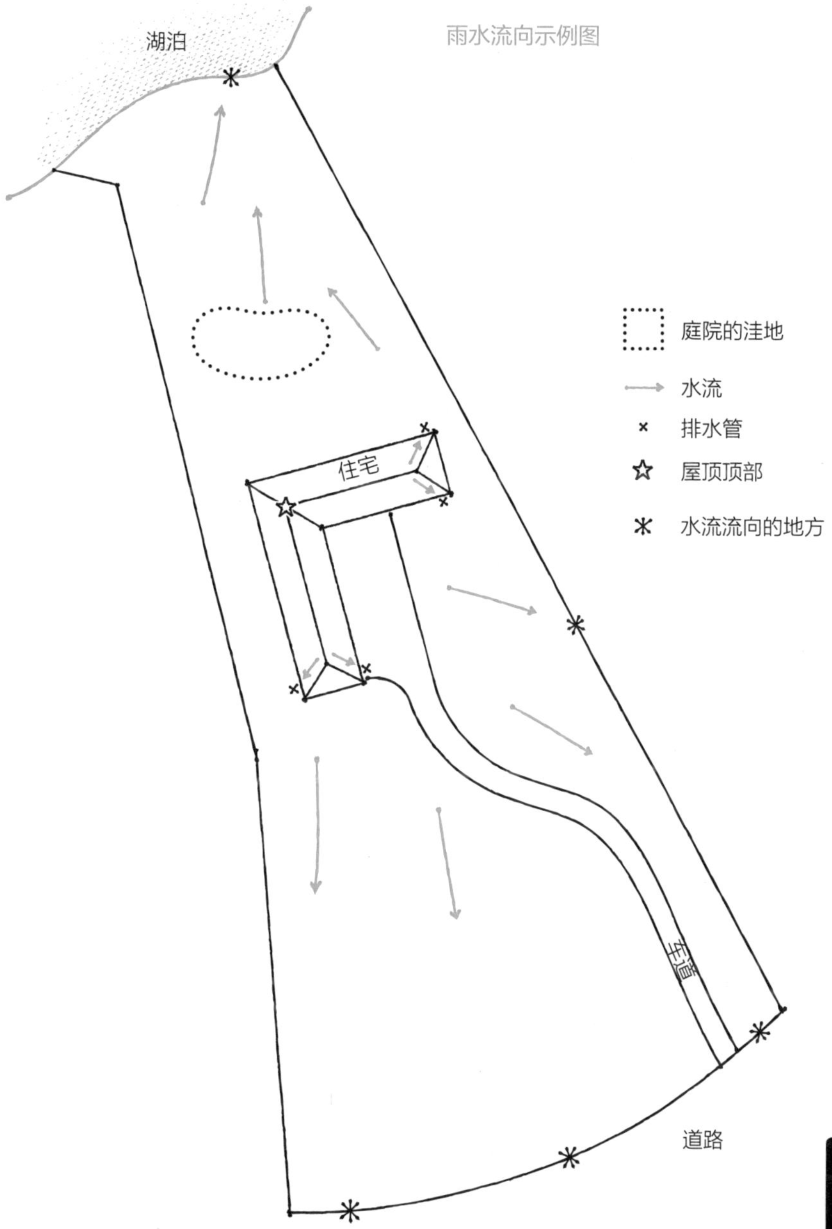

雨水流向示例图

湖泊

住宅

道路

庭院的洼地

水流

× 排水管

☆ 屋顶顶部

✳ 水流流向的地方

放置在哪里，以及花园需要多大规模，才能最有效地捕捉到最多的雨水。首先，走出去看看你的房子，你庭院中有排水沟吗？下水管喷口在哪里？你院子里的什么地方比房子的地坪还低？如果你庭院中集水区的水源在屋顶上，在基础图纸上用一颗星星标记这个点（以及任何其他屋顶的顶部，包括你的邻居），之后可以想象一下雨滴滴落在屋顶上以后，沿着标记的这条线路一直流到排水沟和下水口，于是可以在基础图纸上用箭头画出和显示雨水流向，并用x符号标记每个喷水口位置。接下来，再依次考虑每个喷水口，当雨水溅落下来时，它会流向哪里？如果它刚好撞落到人行道或车道，注意地面斜坡的方向，并用箭头标出你认为雨水径流的方向，而在洼地或植被覆盖的地方画成虚线，表示雨水会在这些地方渗入土壤。

估算并记录从每个落水管处流出的雨水量及其在总量中的百分比。理论上，排水沟中雨水的流量应该与其对应的屋顶面积成正比，而实际上，排水沟通常向一端倾斜，并能向落水管输送更多的雨水。还有一种情况，如果你的预测中没有下雨，你可以打开自来水软管，让水在每个落水管的底部运行，来模拟雨水的流量与流向，然后追踪出水流的路径，以此为依据来修正你的设计图。

继续绕着你的房子走，标记出从台阶、天井、人行道和车道流出的雨水径流。最后再用星号标出雨水离开你庭院的位置。

下次下雨时，可以检验一下你对流经庭院中集水区的雨水流量的预测。再重复检验一下你的调查，根据你的现场观察可以添加或删除箭头（这也是确保所有排水沟能正常工作的好机会）。

计算坡度

如果你的庭院是在陡峭的坡地或山顶上，你需要确保你的雨水花园不会产生山体滑坡现象。如果你的庭院处于平地，你需要检查从雨水花园洼地处溢出的水流是否会流回任何一处建筑的地基，避免对建筑地基的浸泡和破坏。

你可以直观地估算地面坡度，或者用激光水准仪、经纬水准仪或者我们最喜欢的工具——水位仪来测量坡度（参见第三章中的"如何建立简单水位"部分）。斜率可以用百分比、度数或比率来衡量，本文中我们认为斜率百分比是最直观的，并在整本书中使用

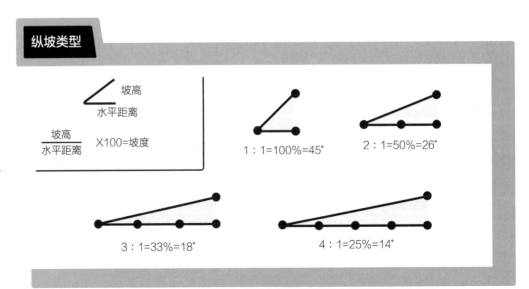

纵坡类型

$$\frac{坡高}{水平距离} \times 100 = 坡度$$

1：1=100%=45°

2：1=50%=26°

3：1=33%=18°

4：1=25%=14°

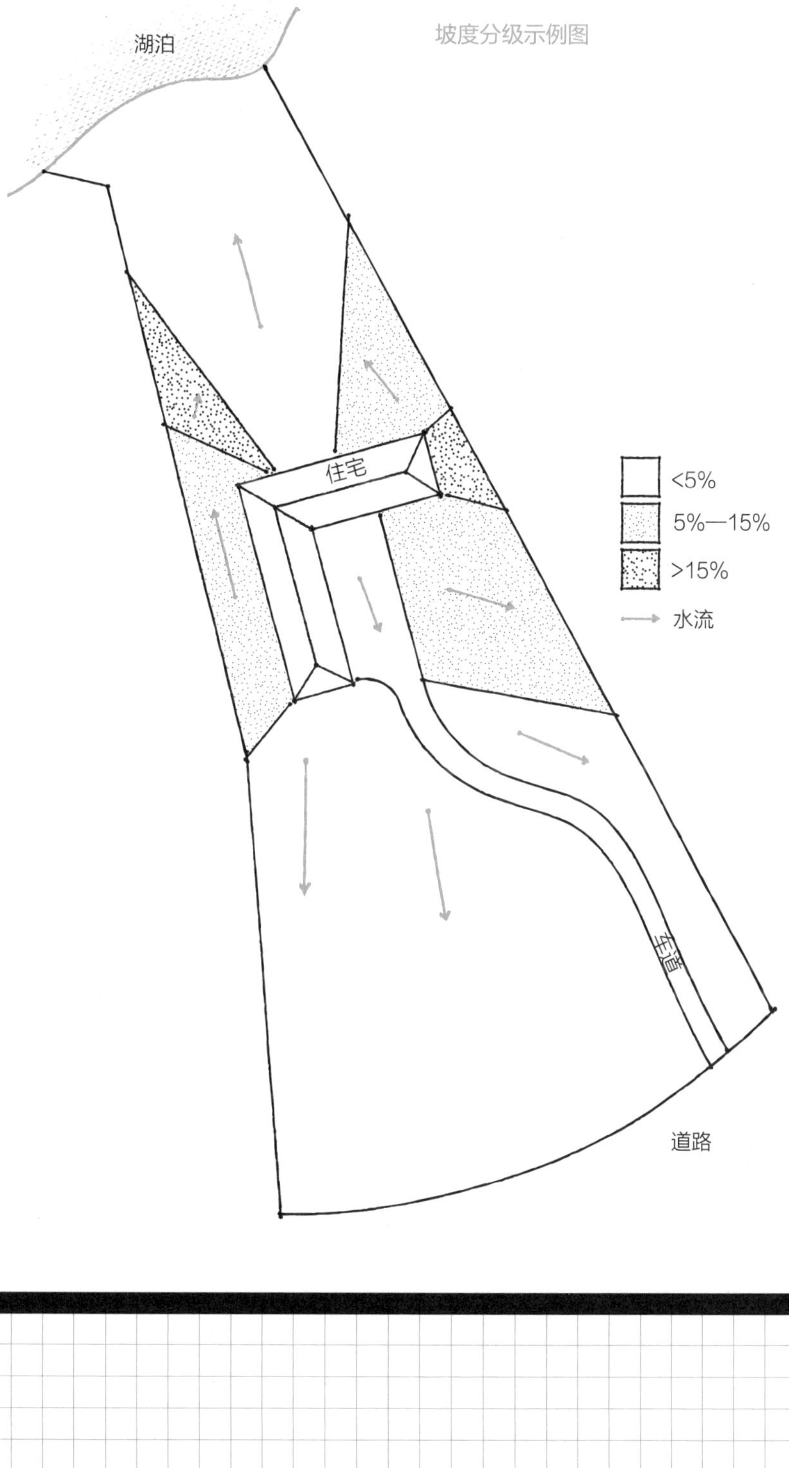
坡度分级示例图
湖泊
住宅
<5%
5%—15%
>15%
水流
车道
道路

这一单位。

考虑以三角形绘图为例，在各种情况下，垂直上升代表100m——如果采用百分比作为度量，那么单位并不重要——水平行程从100—400m不等，斜率百分比等于上升高度除以水平行程100，也可以理解为，在100m范围内垂直上升的距离就是坡度百分比。一般而言，场地的坡度百分比可分为以下四个等级：

▶ 平缓：坡度低于5%
▶ 中缓：坡度在5%—15%之间
▶ 陡峭：坡度在16%—30%之间
▶ 极陡：坡度超过30%

你可能更习惯于以比率或角度来考虑坡度。对于坡度为1：1的场地（如果用跑步：上升来代表），每跑100m，地面就会上升100m。斜率表示三角形对角线（斜边）与跑程相交的角度，在1：1的情况下为45°。2：1的坡度在100m的跑程中会上升50m，坡度为26°。

测量坡度是一项相对简单的任务，你需要一个组员、一个水准仪和两盘测量带。站在斜坡的顶部，在斜坡变陡的地方，让你的同伴站在斜坡的底部，相对平缓变平的位置。在你们之间拉伸卷尺并保持水平（使用水平仪检查），记录你们之间的水平距离。然后测量从地面到水平卷尺的高度，用垂直距离（英尺或米）除以水平距离，就得到坡度百分比。

首先通过坡度的变化来划分地形，从而绘制你庭院中的坡度图。在地图上任何你看到场地陡度变化的地方画一条线（可以说，这有点主观判断），然后连接这些线，在类似这种坡度的区域周围画出方框，在方框内画出箭头，指示地面倾斜的方向。然后使用上述描述的测量技术估计每条线之间的坡度是平缓、中缓还是陡峭，用圆点标记中等坡度，而平缓坡度记录为空白。

用深色点或某一纯色填充为陡坡，这样的坡度是最不理想的雨水花园，因为渗入太多的雨水后会导致滑坡。同样，比落水管底部更高的区域的颜色也应该是纯色的陡坡，因为雨水必须被动力泵上坡顶才能到达雨水花园中的这些区域。

在坡度高达15%的地方修建雨水花园也相对简单，所以尽量将雨水花园建在平缓或中缓等坡度的地方。雨水不会流过平坦的地面或自行上坡（或通过水平或向上倾斜的管道），所以确保落水管和雨水花园之间的地面至少倾斜2%，如果地面相对平坦，你可以通过一个坡度为2%的管道将雨水输送到雨水花园中——坡度约为2cm/m。一定要把雨水花园设计在靠近落水管的地方，否则它只能被安置在地坪以下了，这会影响它的使用和观赏。

在适当的设计和指导下，你可以在15%和30%的斜坡上建造一处雨水花园。在这种情况下，可以考虑建造由排水管道或逐级的溢流管道组成的水平洼地或阶梯雨水花园。通过咨询专家，可以帮助你在任何超过15%的斜坡上设计一处雨水花园，否则在这些地方渗入更多的雨水会导致整个斜坡坍塌并发生滑坡。

绘制基础设施和植被分布图

接下来，在地图上画一条虚线，以显示建筑地基和化粪池周围的缓冲区，雨水花园可能会导致洪水溢流或污染等问题。雨水花园的位置需要与建筑地基和沥滤场保持3m的缓冲区域，保持地坪有一定的倾斜度并且集水区远离建筑物，防止雨水花园中雨水的溢出。一些雨水花园设计师会在离地基1.8m的地方进行种植设计。为了保证你的地下室或者你的财产不被洪水淹没，最保守的设计也会让雨水花园离地基至少6m，因为雨水花园中的雨水一旦渗透到地下的土壤中，它们可

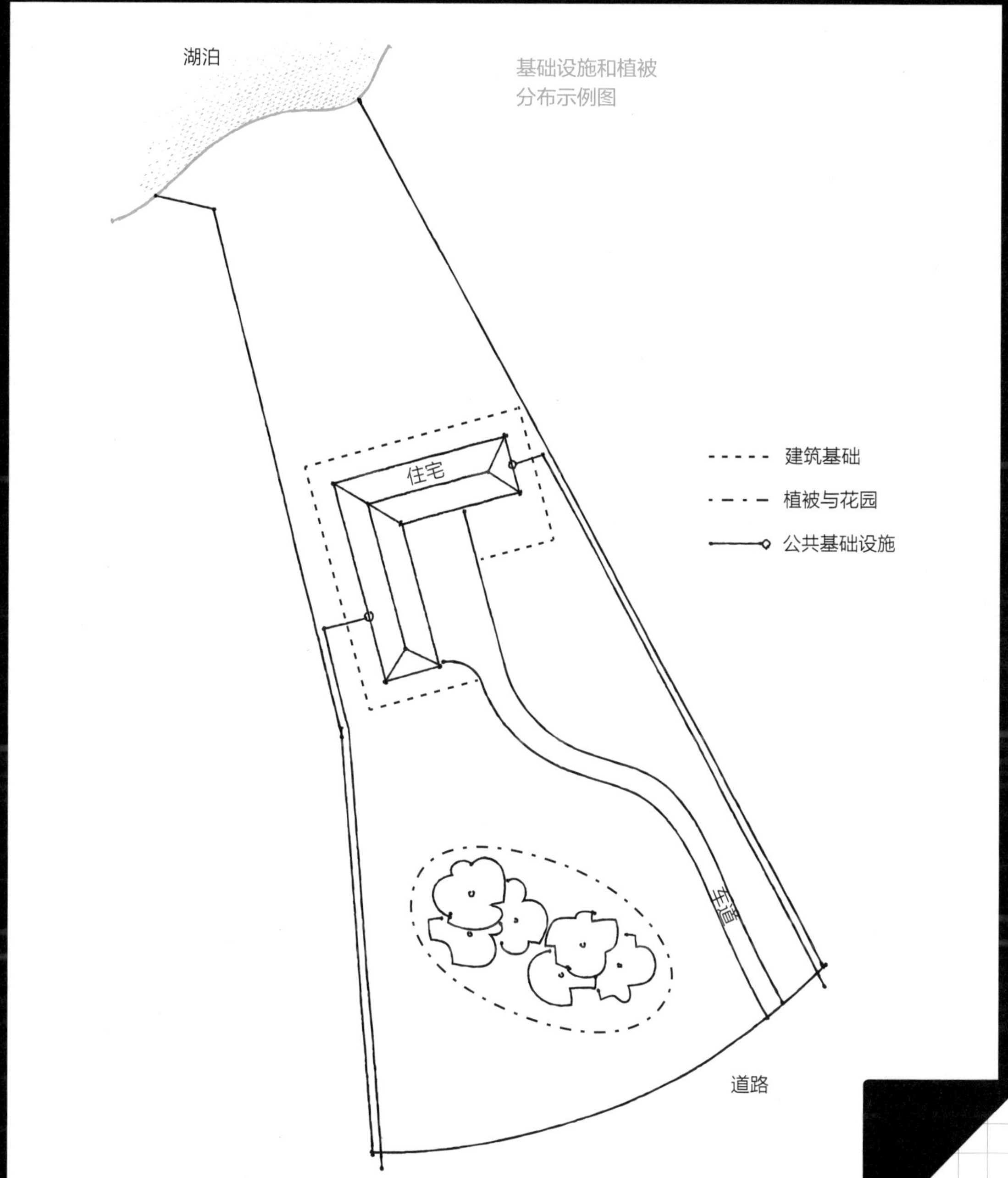
湖泊
基础设施和植被
分布示例图
住宅
建筑基础
植被与花园
公共基础设施
车道
道路

以淹没化粪池，使化粪池中的流出物上升到地表，所以一定要把化粪池标记为要避开的地方。各种图例等也应在图纸上注明。

您可以用相同的透明度绘制植被图，也可以使用不同的透明度绘制。用虚线标出径流收集和排放良好的自然洼地。不要挖掘这些天然的雨水花园。用虚线标出现有的花园的苗床和大树。树根可能会延伸到树冠边缘之外，挖穿树根可能会损坏根系。

如果你有任何疑虑，请咨询树木学专家。此外，在树木成荫的地方，通常很难再种植其他喜阳光的植物。你可以在不影响树木根系生长的情况下，挖掘一个浅层的雨水花园，或者在溪流边上建一个护堤。容忍周期性洪水淹没的树木包括裂叶桤木（*Alnus viridis* ssp. *sinuata*）、日本枫（*Acer palmatum*）、藤槭（*Acer circinatum*）、花楸属（*Sorbus*）和柳树属（*Salix*）。

通过透明图纸进行绘制，将雨水流向、地面斜坡、基础设施和植被等层逐一叠加，将揭示出设置雨水花园的最佳位置。如果图纸显示，你有很多位置可以选择设计雨水花园，那么你很幸运，可以根据最佳的美学布局作出其中的科学选择，并且可以设计不止一处洼地用来集水。如果您的层叠图显示很少或没有好的地点可以选择，您可能必须作出让步，考虑在一个并不太理想的地点设置雨水花园。

选择雨水花园的潜在位置

一旦你确定了雨水花园潜在的位置，请查看雨水花园的区位图和各种叠加图，并问自己这些问题：我的集水设计是利用自然重力来移动雨水还是对抗了重力？我可以避免使用动力泵吗？我的雨水花园如何设计未来的植物景观和各种其他结构？我的集水系统如何能够灵活、可延伸扩展和重新布线？

当为你的雨水花园选择一个科学的位置时，应尽量避免以下位置：

▶ 距离建筑地基和化粪池不到3m；

▶ 在地下水位较浅的地方，也就是地下水位距离雨水花园底部不到30cm；

▶ 在排水不畅的洼地（这些地方往往是池塘、沼泽地或池塘花园）；

▶ 穿越各种公共基础设施和各种市政管线；

▶ 在不能忍受洪水淹没的树下；

▶ 在成熟的大树下，树木根系会限制雨水花园的规模，使挖掘和施工更加困难；

▶ 在坡度大于15%的地方（或者通过专家咨询发现已经达到30%）；

▶ 在比雨落管底部更高的位置——你不需要用水泵来移动水（在第六章中，我们讨论了使用水箱等设施，如何让你在雨落管稍微上坡的地方建造一处雨水花园）。

测试土壤的排水能力

了解土壤的排水速度是设计雨水花园难题中的另一个关键问题。作为一名园丁，你可能已经对你的土壤肥力了解很多，但是你可能没有着重考虑过土壤的排水状况。大多数雨水花园中的植物，在需要或吸收土壤养分时，比食用植物或观赏植物要少得多，但它们往往需要特殊的排水条件，而且土壤排水的速度会影响到雨水花园的规模与面积。

大多数雨水花园的挖掘深度一般为22.5—60cm，在雨量较大、排水良好的土壤中挖掘深度较浅，在排水缓慢的土壤中挖掘深度较深。如果你知道你的土壤排水良好，挖一个30cm试验孔来试一试。如果排水速度缓慢，那么挖一个60cm的孔洞来测试才好。

在每个潜在的雨水花园的位置都挖一个测试孔，观察洞里的泥土，表层土壤可能看起来更暗，因为它含有更多的有机物质。在表层土壤之下，底土是沙、淤泥和黏土的混合物。洞底层的土壤是表层土还是底层土呢？检查一下它的质地就知晓了：如果感觉

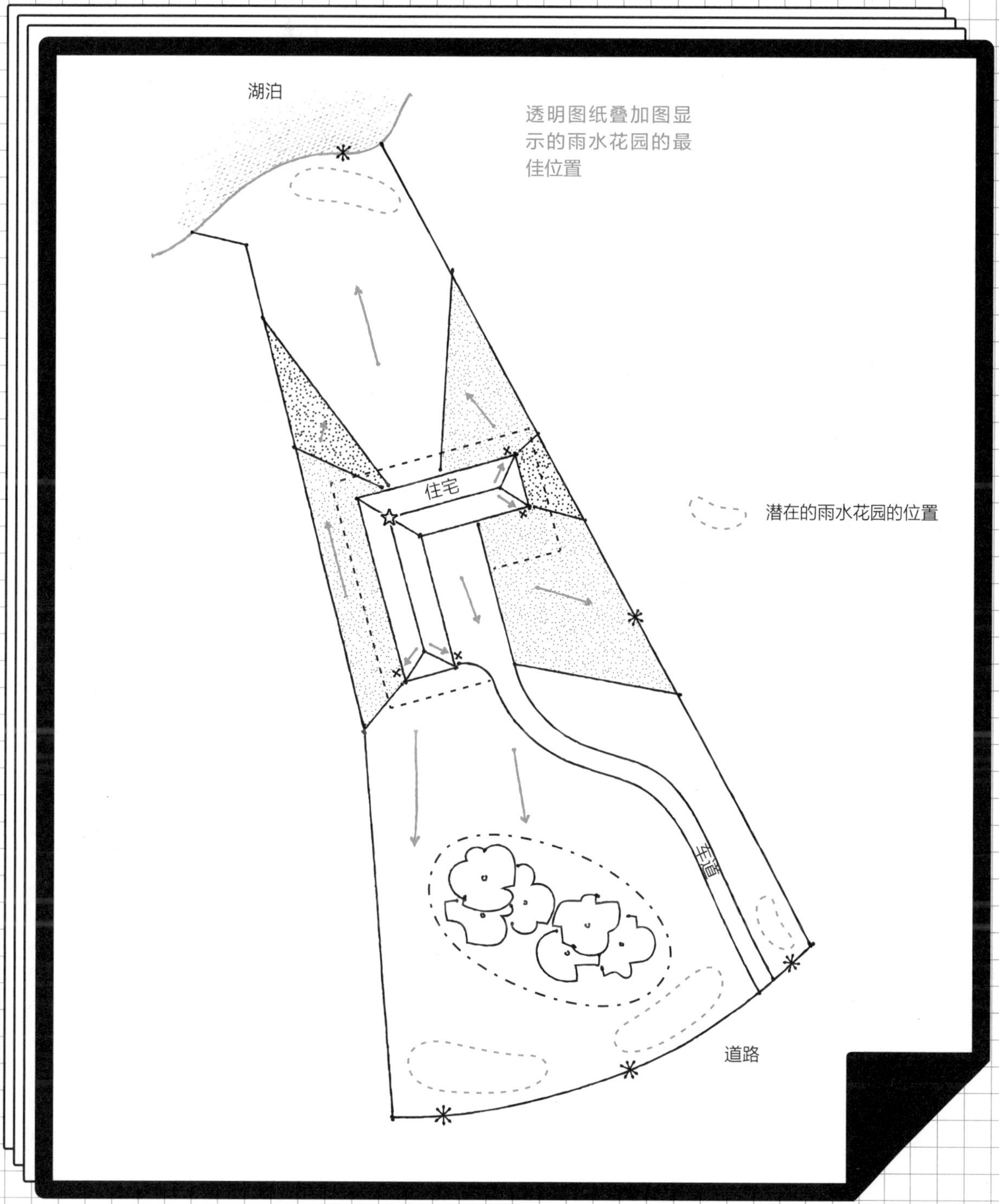

湖泊

透明图纸叠加图显
示的雨水花园的最
佳位置

住宅

潜在的雨水花园的位置

车道

道路

50

各种土壤类型中最适宜雨水花园洼地排水的类型

美国农业部土壤分类表

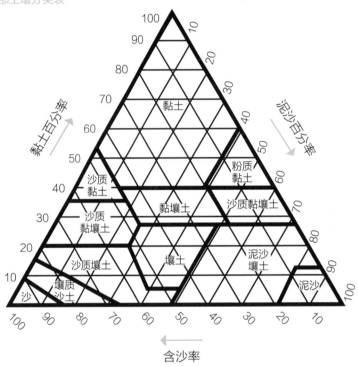

土壤类型	最小排水量近似值	适合雨水园洼地排水的类型
沙土	21cm/h	处于浅洼地的雨水花园中的这种土壤，要混合堆肥以提高保水能力，应种植耐干旱的植物
沙质壤土	2.5cm/h	雨水花园中的这类土壤，应混合堆肥使用
泥沙壤土	0.6cm/h	雨水花园中的这类土壤，要混合堆肥使用，适用于浅洼地到中等深度的洼地类型
黏质壤土	0.25cm/h	这类土壤经过改良后，可以应用于大型的洼地中，考虑使用深根型植物来帮助打破黏土，以建立更好的排水系统
黏土	0.05cm/h	不推荐使用，个别建议选择排水较好的场地或设计池塘时使用

项目

测试你土壤的排水率

　　工程师们使用渗透试验（有时称为渗滤或特效试验）来测量给定土壤深度的排水速度。一名雨水花园的园丁需要知道当花园下面的土壤被水分饱和时，雨水花园排水的速度有多快。根据这个排水率，你可以查看一下表格，找出哪种雨水花园洼地类型最适合设计在这个位置。

材料

铁铲
柱桩或柱杆
水位标记
定时装置、测量带
或直尺

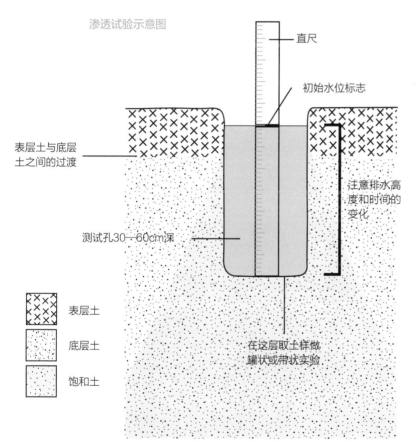

渗透试验示意图

直尺

初始水位标志

表层土与底层土之间的过渡

注意排水高度和时间的变化

测试孔30~60cm深

在这层取土样做罐状或带状实验

表层土

底层土

饱和土

1. 在排水良好的土壤上挖一个30cm深的测试孔，或在排水缓慢的土壤上挖一个60cm深的测试孔，如果你在土壤干燥的时候做渗透测试，需要用水填满测试孔，让它排水，然后重复三次。
2. 将柱桩或柱杆插进测试孔的中间位置。
3. 用水填满这个测试孔。
4. 用记号笔在柱桩上标出注满水时的水位。
5. 记录开始排水的时间。
6. 等待测试孔完全排出水分，然后再次记录时间。
7. 测量柱桩上的每个标记到孔底部的距离（cm）。这是水位深度。
8. 计算水完全排出所用的时间（h），这是排水时间。
9. 用水深除以排水时间，这个结果就是排水速率（cm/h）。

案例分析

向住宅倾斜的雨水花园

地点： 美国科罗拉多州博尔德市

设计师： 卡拉·达金，K·达金设计公司

建设时间： 2009年3月

雨水花园规模： 7m² 和 2.5m²

年降雨量： 48cm

这处庭院坐落在博尔德山麓的底部，紧靠着落基山脉的底部。这个庭院不仅从一个巨大的区域收集雨水，而且从技术层面而言，它还坐落在一条河流旁边的洪水地带。因此排水技术不仅是景观设计的前提，也是建筑设计的前沿。在庭院前面的位置设计了两个美丽的雨水花园，接收从活屋顶收集的雨水并过滤污染物。这项巧妙的设计没有试图让雨水消失或

雨水花园的设计细节，用景石配合日本血草和蓝色鸢尾等植物，创造带有起伏感的地形景观和植物景观

排放掉，而是把这个棘手的问题变成了一个奇妙的设计方案，以解决场地的现实问题。至少80%的雨水流到场地内，流进两个雨水花园里，这两个雨水花园不仅描绘了庭院的入口景观，更创造了独特的景观形式。

我非常喜欢这些雨水花园，它们除了具有在雨水离开场地之前减慢水速、过滤雨水中的污染物等重要功能外，还可以使用工地上的各种工程材料来建设。房子的四周和内部，都用优雅的景石构造天井。剩下的石头巧妙地堆叠，形成起伏的地形。我和石匠们一起工作以找出组合石头的最好方法，我们都决定放弃沙子的底层基础，直接在泥土上铺摆就可以。石头起伏的形状让我想起了附近山麓的地形，因为它们向东和向远处一直延伸到大平原。

我们设计了一些种植穴，在这些种植穴里我们种植了喜水湿的植物，它是一种古老的土生土长的植物。在附近的溪流中，还有日本血草（Imperata cylindrica 'Rubra'）和蓝色的西伯利亚鸢尾（Iris sibirica）一起生长。同时木贼属（Equisetum）配合景石再美丽不过了，因为景石的存在恰好削弱了木贼的漂移性。雨水花园的两旁是低矮的石灰石景墙，立在庭院中作为各种景观的背景，我们期待着看到植物向景墙上生长，在景墙蓝灰色的背景衬托下，带来色彩的跳动与音符。

53

住宅的正面入口处，其前后都是雨水花园

土里有沙砾，那么含沙量很高；如果感觉土壤手感很滑腻，说明它含淤泥较多；如果土壤潮湿时黏黏的，那是黏土，这对砌砖可能很有好处，但对排水不利。土壤里面如果满是沙子和岩石吗？这种土壤起源于河床或冰川冰粒，很难进行挖掘。如果你的土壤是沙质的，并且充满了岩石，它可能排水最为良好。在这种情况下，考虑将雨水均匀散布在现有的各个景观上，而不是挖掘一处盆地。

两个简单的测试会告诉你，雨水花园里有什么样的土壤。如果是呈带状测试的话，显示的是土壤中有多少黏土；如果采用罐状测试则可以显示沙子、淤泥、黏土和有机物的相对含量。我们建议你这两项测试都做，以便更好地了解你的土壤状况，但是如果你时间不够，可以忽略罐状测试。注意每次测试时，都要从测试孔底部取土才可以得到准确的测试结果。

要进行带状测试试验时，先弄湿一部分土壤，之后将它做成一个核桃大小的土球，把土球放在拇指和食指之间，碾压成带状，如果你能使这条带状物延伸5cm或更长而不破裂，说明土壤中黏土含量很高，这意味着它可能排水缓慢。如果带状物长不到2.5cm就会断裂，说明土壤成分中沙子含量很多。如果条带在2.5—5cm之间延伸，它一定是沙子、淤泥和不到20%的黏土的混合物，称为壤土。本书中第50页的土壤图表将土壤细分为沙土、淤泥和黏土等；用你的判断来决定哪种依据最适合描述你的土壤类型，或者再继续进行罐状试验来证明土壤的特性。

罐状测试更精确，但是稍微复杂，需要以下七个步骤：

1. 把一个玻璃罐（1L效果最好）装满一半的土。
2. 把装土的玻璃罐再装满水，盖上盖封闭。
3. 用力摇晃玻璃罐，直到土壤变成均匀的泥浆（注意：如果你的土壤非常黏，那么可能需要数小时或数天才能使黏土块溶解形成泥浆，几个黏土块就可以了）。
4. 一旦形成泥浆，停止摇晃，停留5秒钟，在玻璃罐外面划一条标记线（永久性标记或蜡笔标记就很好用），以标记出罐子底部可见的粗砂层的顶部位置，这部分其实是沙子的成分。

5. 把玻璃罐放稳，给某一定时器设定30分钟，静止30分钟后并标明沉淀物的水平位置，这部分其实是泥土的组成部分。

6. 把玻璃罐放在架子上，放置几天或更长时间。当你再观察时，你会看到淤泥层上面有一层黏土颗粒和一些黑色有机物漂浮在水面上，这时就可以在黏土层的顶部做标记了。

7. 估算并记录玻璃罐里的沙子、淤泥和黏土的相对百分比。

利用你从玻璃罐试验中记录的沙子、淤泥和黏土的百分比，并结合附带的土壤分类表，在其中找到你雨水花园的土壤类型。根据带状测试和罐状测试的结果，并配合土壤类型表格，以找出哪种类型的雨水花园洼地最适合你现有的土壤条件，并要适当注意本章末尾工作表中列出的最小排水率和雨水花园洼地类型间的关系。

"

总结

雨水花园的设计是一个通过知识探索、目标设定、现场评价等环节形成的环形螺旋上升的过程。在最初的梦想阶段，回归到你最喜欢的自然小径，或者去其他的雨水花园、鸟语林及蝴蝶花园寻求设计灵感；在花卉温室或植物园里，只要能够激发你想象力的任何内容，它在你的雨水花园里就有一席之地，对这些元素作必要的笔记或拍照，并把它们加载到你的雨水花园设计中。这种设计过程甚至一直持续到雨水花园的施工和建造过程中。暴风雨过后，你也许会决定把洼地再扩大一些，购买的植物可能带来意想不到的美丽，也带来了不可抗拒的大量应用；或者你还可能制定新的目标，比如种植食用蘑菇，然后在山茱萸形成的树荫下配植其他花灌木，或者沿着雨水花园的边缘种植甜草。当你开始涉及雨水花园的技术设计时，依然不要忘记这个循环过程。请时刻记住你梦想中的雨水花园。

工作表

雨水花园信息

屋顶面积 _____

硬质景观区面积（车道、人行道、天井）_____

集水区总面积（屋顶+硬质景观）_____

预计所需渗水面积（将集水区总面积乘以0.2）_____

雨水花园场地坡度	雨水花园场地坡度
色带测试结果： 色带长度为cm	色带测试结果： 色带长度为cm
震击实验结果： 土壤为 %沙，%粉土，%黏土	震击实验结果： 土壤为 %沙，%粉土，%黏土
土壤类型：	土壤类型：
排水速率：	排水速率：
适宜的洼地类型：	适宜的洼地类型：

雨水花园位于房子和车道之间

第二章

设计雨水花园

58

关于雨水花园的各种工作内容

在第一章的现场评估实践中，你应该已经确定了几处可以打造雨水花园的地方。现在让我们再浏览一下技术细节。在本章中，我们将解释：

▶ 如何计算有多少雨水流向你的雨水花园；

▶ 收集那么多雨水需要多大面积的雨水花园；

▶ 如何将屋顶、车道和其他硬质景观处的雨水径流引入雨水花园；

▶ 如何处理和排除多余的雨水，使其不侵蚀土壤、建筑地基或引起洪水溢流；

▶ 如何确保雨水花园不会滋生蚊子。

我们为经验丰富的园丁调整了我们的设计流程，他完全可以依靠现场观察和现场操作来完成上述任务。工程师工作手册为热爱定量计算的园丁们解释了他能参与设计的各种实际工作。这些计算非常具体地说明了雨水从排水沟溢出或到达洼地之前会渗入土壤的原因，因此计算洼地尺寸的大小应该尽量精确。如果你没有参考工程师工作手册，那你则需要在几年之内都密切关注你的雨水花园，看看它的面积是否足够大到应对最大、最猛烈的暴风雨。如果每次下雨你都注意到有水溢出洼地，你应该扩大你的洼地面积。在完成下面的实践时，请在本章末尾的信息工作表中检验你计算的结果。

测量你的集水面积

重要的是要弄清楚你的庭院实际流失了多少雨水。第一步是要记录所有屋顶、车道和天井的面积。所有雨水会落在这些不透水的表面形成径流，这些表面的总面积就是排水区域。

接下来，确定这些表面的哪一部分向你设计的雨水花园场地发生倾斜。如果你正在规划多个雨水花园，需要计算每个雨水花园排水区域的总面积。例如，庭院中一半的屋顶可能朝前院倾斜，而另一半屋顶朝后院倾斜，这种情况下通常最容易建造两处雨水花园，每个雨水花园接收一半的屋顶径流，在这种情况下，只需考虑一半的屋顶面积作为每个雨水花园的集水面积就可以啦。

我们应该考虑把草坪或其他的景观区作为集水区的一部分吗？这要视场地内的具体情况而定。草坪

避免蚊虫等问题

你的雨水花园里最不想要的一定是蚊虫带来的疾病和疾病的传播。蚊子在水中和潮湿的土壤中繁殖，而且就是在你的雨水花园进行的，虽然如此，蚊虫的繁殖是可以避免。蚊子从产卵发展成能叮咬、可传播疾病的成虫最快也需要四天时间，在防蚊雨水花园里，在蚊子成熟前就进行排水，也就是最多在暴风雨过后48小时之内开始排水。如果你的雨水花园在不到两天之内就干涸，它就不会滋生蚊子，也不可能助长疟疾或西尼罗河病毒的传播。

案例分析

为鸟儿和蝴蝶准备的草原雨水花园

地点： 美国印第安纳州韦恩堡

业主： 库尔特和帕姆·西蒙

设计师： 乔希和莱拉·西蒙

建设时间： 2009年8月

集水面积： 80m²

雨水花园规模： 30m²

年降雨量： 90cm

受福冈正信和塞普·霍尔泽等热爱自然景观的园丁的启发，我们改造了庭院中的草坪，让它变成了一处复杂而又能自我维持的雨水花园洼地和水渠。我们还想在一个有屏风的门廊附近增加有自然美、变化美和质感美的景观。首先来解决排水问题，包括房屋附近溢流的洪水和房屋地基处的积水，尽力为青蛙和蟋蟀（提供了夏季晚间的音乐）、鸟类、蜜蜂、蝴蝶和蜂鸟创造栖息地。随着花园的建设和不断地完善，在未来几年内，它也将为年轻的家庭成员提供一个天然的玩耍和学习空间。

雨水花园也是许多野生动物的家园。一条从岩石通道里溢出的雨水流到一个小的蓄水池中，之后溢出的雨水继续沿着斜坡向下，流到一个更大的蒸发池，池塘里有蚊子、鱼类和水生植物，它在花园里创造了一个凉爽的地方，并给小动物们提供了一处戏水的栖息地。雨水花园洼地中的岩石和巨石大量吸收太阳的辐射热量，这样加速了蒸发过程，形成了潮湿的小气候环境，又可以吸引蚊子的捕食者的光临，如蜻蜓类；乔木和灌木浓密的枝条穿过岩石通道，又为小动物们提供了活动通道和有益真菌生长的地方。我们于2009年8月破土动工，第二年春天就完成了雨水花园的建造。我们挖出了雨水花园区的草坪，然后用混有黏土和水渠土壤的草皮筑起护堤。在冬季，用草皮和根系在护堤内堆肥，为春季播种——春季种植提供了非常肥沃的种植区域。

8月，我们挖土加固了护堤、土坡、河道，就地放置了河岩，种了一棵桃树（*Prunus persica*）、接骨木属（*Sambucus*）和一些大灌木，比如欧丁香（*Syringa vulgaris*）等，为芳香植物和蝴蝶栖息

漫长寒冷的冬季里，雨水花园里的植物能继续提供有趣而美丽的景观

续

灌木，我们还撒播了其他一些一年生和多年生植物的种子。早春，我们修整了河岸岩石，增加了更多的岩石，使河道岩石嵌入到土壤中，覆盖了整个河道，并种植了春季造景的植物的种子，包括芳香的椭圆楔叶（*Symphyotrichum oblongifolium*）、号称草原女王的红花蚊子草（*Filipendula rubra*）和红花半边莲（*Lobelia cardinalis*）。

从所需劳动力和造价的角度来看，挖掘最初的草坪区域，引进几吨河石来铺设河道，以及铺设几码厚的雪松覆盖物，是迄今为止建造雨水花园最大的挑战。该场地的土壤是冰川消退后留下的厚重致密黏土，虽然富含矿物质，但同时也很难挖掘，我们想连续挖掘，但常常要等上几天，等下一场雨把它变软才行。由于这项具有挑战性的挖掘工程，我们没有再进行非常深入的地面挖掘工作。

随着时间的推移，植物生长不断地改善了排水系统。到目前为止，红树莓和黑树莓（*Rubus*）等灌木的生长速度最快，而它们的浆果能吸引小动物来到花园，蝴蝶丛在第一年就变得很大。这两种植物在某些地区都有明显的入侵性，但我们发现它们其实很容易被砍伐。莎草在潮湿地区长得很好，一个夏天里就长了一倍之多，莎草为鸟类提供了筑巢材料，并在其他植物休眠后仍然留下了有趣的秋季景观。草原龙胆和绣球花在潮湿地区生长表现良好。

甚至在第一年，那个地区的景观就已经发生了巨大的变化。在春天的早晨，许多蘑菇从覆盖物上伸展出来。在炎热的夏天，空气似乎更清新、更凉爽，而且潮湿的空气肯定会吸引更多的蟋蟀、蟾蜍和小青蛙，鲜花吸引邻居们来聊天。秋天，在花园里捕集漂浮的叶子之后堆肥，雨水花园里的植物往往比院子里的其他植物长得多。直至持续到12月中旬，而那时严寒把一切叶片都变成了深红棕色。

我们已经努力地管理和收集所有落在屋顶上的雨水，以便更少的雨水留向下水管道和庭院外的排水系统。自最初建造雨水花园以来，我们在相对开阔的区域又增加了两个小得多的雨水花园，类似苗床一样。在一些大暴雨期间，我们观察了雨水如何从雨落管流入周围的景观并流到草地上，从这些观察中，我们很容易发现雨水是如何流过庭院的，所以我们挖掘了更多的几何形状的集水区来捕捉街道上的雨水径流。

雨水花园通过提供微型栖息地来吸引野生动物，并在整个生长季节为它们生产食物

如何计算屋顶的面积

草坪被切分成简单的几何形状，
用来计算雨水花园的面积

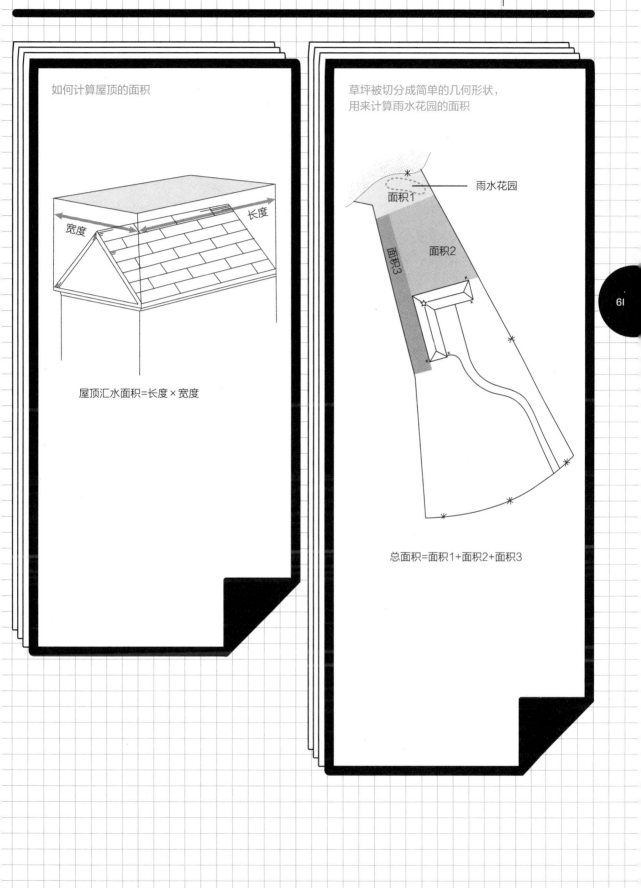

屋顶汇水面积=长度×宽度

总面积=面积1+面积2+面积3

用蕨类植物和观赏草配植的景石和雨水花园的入口景观

和景观区经常有压实的土壤，虽然能渗入一些径流，但也让大约三分之二的雨水流失掉了。如果屋顶的雨水径流必须穿过9m或更长的草坪才能到达雨水花园，你可以考虑把草坪作为额外的集水区。如果其他景观区或草坪的总集水面积相比较小，那么在计算中你完全可以忽略它们。

计算集水区域的面积时，了解各种地形地貌——不要担心山峰、山谷或斜坡的影响。使用你庭院的航拍图像，比如谷歌地图等，可以帮助你观察和测量每个区域的平面地形。如果您没有准确的定点平面图或无权访问谷歌地图，你也可以用卷尺测量房子的长度和宽度来测量屋顶覆盖的准确面积。

虽然很难测量雨水从草坪排入雨水花园时所流过的面积，但你要记住这并不需要精确的计算。用粉笔或在你的基础地图上标出涵盖草坪的简单图形，把草坪区域分成矩形、三角形和圆形，然后利用这些计算表面积的

数学公式：

▶ 正方形或矩形的面积=长度×宽度

▶ 直角三角形的面积= 0.5×底×高

▶ 圆的面积=π×半径^2=3.14×半径×半径（注意：半径是直径的一半）

　　要计算雨水径流排入雨水花园的总表面积，首先计算每个集水表面的面积，然后将所有面积相加：

▶ 面积1（屋顶）=长度×宽度×所占雨水花园的百分比

▶ 面积2（车道）=长度×宽度×所占雨水花园的百分比

▶ 雨水花园总排水面积=面积1+面积2

流向雨水花园的雨水百分比，是指流向某个特定下水管道的雨水量。如果三个雨落管同时排出屋顶表面的雨水径流，那么理论上，落在屋顶上的33%的雨水径流将被引向雨水花园。百分比应该是十进制格式，例如，25%是乘以0.25，100%是乘以1.00等。

计算雨水径流流失的比例

集水区的面积大小只是计算方程式的一部分，并非所有落在地面上的雨水径流都会流走，有些雨水会从排水沟里溅射出来，继而蒸发掉或渗入土壤中。水文学家将这种现象用不同的径流系数来校正和表达。正如你可能猜到的，路面比草坪具有更高的径流系数。根深蒂固的土壤层，如森林和草地，其径流系数最低，因为大部分雨水会被树叶截留，慢慢渗入土壤。该表格提供了一些常见材料表面的径流系数。

径流系数实例

表层材料	典型范围	推荐值
混凝土	0.80—0.95	0.90
砖块	0.70—0.85	0.80
屋顶	0.75—0.90	0.85
铺路石	0.10—0.70	0.40
草坪铺地/草坪块	0.15—0.60	0.35
沙地上的草坪和草地	0.05—0.20	缓坡（5%）为0.12，随着坡度的增加该值也会增加
黏重土壤上的草坪和草地	0.13—0.35	缓坡（5%）为0.22，随着坡度的增加该值也会增加
植被层	0.15—0.30	0.20
碎料层	0.15—0.30	0.20

改编自LEED-NC版本2.1

在雨水径流量计算中，应用径流系数可以更加准确地估计有多少雨水流入雨水花园，这被称为有效径流量下的径流面积。如果你选择在计算中不使用径流系数，你最终会得到一个比你需要的略大的雨水花园。

例如，这里示例一下，如何计算一个有沥青覆盖的屋顶和有混凝土车道的房子的有效径流面积。假设屋顶是7.5m×12m，车道是3m×4.8m。分别使用表中的屋顶和混凝土的径流系数。

1. 计算屋顶和车道的有效径流面积。

▶ 有效径流面积=长度×宽度×雨水花园的百分比×径流系数

▶ 面积1（屋顶）=7.5m×12m×0.50×0.85=38.3m^2

▶ 面积2（车道）=3m×4.8m×1.00×0.90=13m^2

2. 将两个面积相加，得到总有效径流面积。

▶ 面积1+面积2=38.3m^2+13m^2=51.3m^2

63

基于土壤类型和总集水面积的典型雨水花园的深度

土壤类型	雨水花园面积	建议开挖深度
沙质壤土	10%汇水面积	（15—30cm）
粉质壤土	20%汇水面积	（30—45cm）
黏质壤土	30%汇水面积	（45—60cm）

估算你的雨水花园的大小

如果你是雨水花园设计工程师，你将能够使用你已经编制的测量数据，相当精确地计算出雨水花园的大小。如果你是园丁或施工师傅，没有心思学数学，我们将为您提供简单的经验法则，对于以常态方式在土壤上适度降雨很有效果和帮助。如果你生活在非常湿润或非常干燥的气候中，或者如果你的土壤流失雨水的速度过快或过慢，我们强烈推荐你仔细检查这些指南并与当地的雨水花园指南相对照。如果你的雨水花园太大或太小，那也无关紧要，但是遵循当地的实践经验，会给你的雨水花园带来最大的利好和成功的机会。

雨水工程师们已经想出了简易的雨水花园尺寸的设计经验法则。这些规则对雨水径流量和汇集深度给出了科学合理的估算，这是设计一个雨水花园洼地之前，一定需要了解的两个因素。雨水径流量是暴风雨期间从集水区表面流出的最大雨水量，例如，假定24小时内有5cm的降雨，雨水汇集的深度与洼地的排水速度有关，让我们首先假设，您将试图通过渗透作用，来下渗您集水区内的所有雨水径流。

如果你一直跟随以前的练习，你已经计算出了集水区的大小（即排入雨水花园的硬表面之面积），并确定了你的排水速率。

正如你在带状、罐状或渗透试验中发现的，土壤类型决定排水速率。雨水会迅速渗入沙土中，慢慢渗入黏性土壤。大多数土壤是含有沙土、粉土和黏土的混合物，称之为壤土。在典型的壤土中，一般含有40%的沙子、40%的淤泥和20%的黏土，每0.5m²的集水区就需要0.1m²的雨水花园。换句话说，雨水花园的表面积将是集水区面积的20%。土壤越沙化，雨水花园就会越小，可减少到排水面积的10%左右。另外，黏土需要更大的雨水花园，有时甚至超过排水面积的30%。如果你的雨水花园里有厚厚的黏土，你还不想要这么大的雨水花园，你可以用堆肥来慢慢改良你的土壤，并添加根深蒂固的深根性植物，这最终会提高你雨水花园的排水率。如果你的土壤严重沙质化，并且你还想要保持更长时间的雨水不被排除，你可以在疏松土壤的大约15cm深的位置，去混合7.5cm厚的树叶堆肥。

雨水花园挖地的深度也取决于土壤类型。该表格列出了各种土壤类型的开挖深度与范围。在排水缓慢的地方，许多雨水花园的园丁会挖一个深45—60cm的盆地，然后用改良的土壤填充该盆地，使其与地坪保持15cm的距离，这样盆地就有一个15cm的汇集深度，而看起来不像一个深坑。

上述这些条款通常是比较保守的指导方针，遵循它们的要求通常就会形成一个足够大的盆地，可以从大多数暴风雨中

64

收集雨水。尽管如此，我们还是建议您在第一个季节密切关注您的雨水花园，看看它多久会被雨水所充满，多久会有雨水溢出，以及暴风雨过后排水需要多长时间。如果你仅有较小的庭院，你不得不打消从你的集水区收集所有雨水径流的念头。但是，任何大小的雨水花园都能减少雨水的污染。如果你的雨水花园被设计成只能收获一部分雨水，阅读本章末尾的"让雨水进出你的雨水花园"一节是至关重要的，以确保多余的雨水可以被引导到一个安全、合适的位置。

估算有多少雨水将流入你的雨水花园

当雨水落在你的屋顶上时，雨水沿着屋顶流向排水沟。有一部分雨水被屋顶的瓦片吸收，有一部分雨水从排水沟里溢流出去。其余的大部分雨水则从雨落管流下，渗到土壤中，流到雨水花园的景观区，或者流下山坡，流至排水沟里。雨水花园的洼地在暴风雨期间收集雨水，而排水良好的土壤能帮助雨水在暴风雨期间就渗入土壤。

雨水一旦到达雨水花园的洼地就开始下渗，如果雨水轻轻落下，洼地里的排水速度会比雨水流入的速度快，不会发生积水。但是在倾盆大雨中，雨水会以比渗入土壤更快的速度冲进洼地，你的雨水花园就会开始积水。一旦雨停了，洼地中的水位就会下降——在砂土中下降得很快，在黏土或压实土壤中下降得更慢。在理想情况下，暴雨期间雨水花园会被填满，但不会溢出，然后在暴雨后24小时内完全排空雨水。

使用雨量计

雨量计是一种观察和收集特定地点降雨数据的简单仪器，你不需要做上述提到的各种现场测量，但是它会帮助你评估你的雨水花园，在捕捉当地降水方面的实际效果。你可以在许多雨水花园供应商店里买到雨量计。将雨量计放置在没有树木或建筑的开阔区域，以确保没有任何东西阻挡降雨，每次降雨后，在雨量计上记录下收集到的降雨量，然后把雨水倒掉，这样你就可以让它为记录下一场暴风雨做好准备。还要注意记录日期和暴风雨持续的时间。如果你想在你的雨水花园设计中使用这些数据，你需要记录至少整个雨季的降雨量——记录时间越长越好。雨季结束时，看看在三场最大的暴风雨中，降雨量到底有多少。选择这些数值中的一个值，用来计算你的雨水花园洼地的雨量值，或者分别用每个最高的雨量值单独计算雨水花园洼地的雨量值，看看雨水花园的雨水径流量有多少变化。

65

如何阅读雨量图

为了知道你正需要处理的雨水径流量有多少，以及你的雨水花园到底有多大，其实需要知道的是：在你想要收集的最大暴风雨中，究竟有多少雨水落下来。工程师将使用雨量计测量的数据来设计洼地面积，而经验丰富的园丁可以通过观察雨水花园何时溢流，然后再看看那天下了多少雨，就可以知道洼地面积的大小是否足够了。雨水花园设计时，最重要的衡量标准是：一场大暴雨中的降雨量和暴雨通常持续的时间长短。

气象学家收集了一系列令人眼花缭乱的降雨数据，从15分钟的峰值强度，到日平均、周平均和月平均降雨量，在大多数情况下，使用24小时平均降雨量数据最为科学合理。如果你所在地区的暴风雨很猛烈，大部分的雨水都是在强烈的暴雨中落下的，你会知道，在15到30分钟内的降雨量显得很有价值。如果你生活在一个下雨比不下雨更频繁的地方，计算出最长的一场暴雨持续多长时间也很重要，还需要

关注在暴风雨间歇期中，能有多少期待中的晴天，目的是看看你的雨水花园是否有足够的时间和机会，在暴风雨间歇期完成排水和排空。

要获取雨量图，请联系当地气象局或农业推广机构，请他们以图表形式提供数据。雨量图显示了不同时期的降雨强度。垂直轴显示降雨量，水平轴显示时间间隔。在24小时雨量图中，我们看到第7天的暴风雨导致了24小时内最多的降雨量，大约12.5cm。根据这张图表，24小时内降雨强度为5英寸，或者每小时0.5cm。在1小时图表中，我们看到22:00时段降雨量最多，约为每小时1.3cm。在15分钟雨量图中，我们看到在21:45的时间，降雨量最多，达到1.5cm，降雨量约为0.38cm每小时。因此，15分钟的降雨总量导致了最大的降雨强度。你也可以使用1小时或15分钟的降雨量数据，来估计一场典型暴风雨的持续时间。在1小时和15分钟的雨量图中，我们看到从12:00—16:00有4小时的暴雨，从21:30开始有1小时的暴雨。

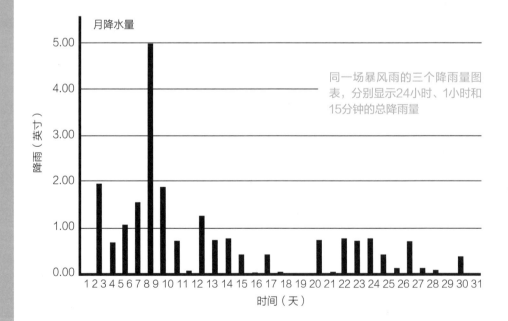

同一场暴风雨的三个降雨量图表，分别显示24小时、1小时和15分钟的总降雨量

66

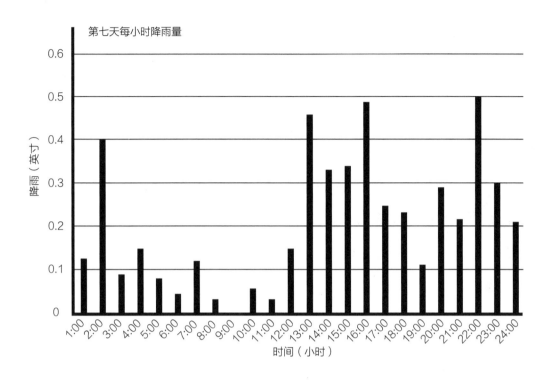

第七天每小时降雨量

降雨（英寸）

时间（小时）

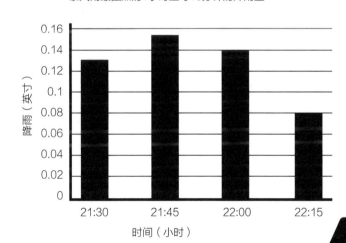

暴风雨最强烈的1小时里每15分钟的降雨量

降雨（英寸）

时间（小时）

工程师 /
你需要再观察几天数据，以便在计算中使用雨水平均持续时间。如果你无法获取所在地区每刻钟或每小时的降雨数据，就需要选择一个强降雨天气，记录该地区24小时的总降雨深度及24小时中强降雨持续的时间。

67

计算雨水径流量和雨水花园的尺寸

你 的景观流失了多少雨水径流——取决于集水面积、径流系数和降雨强度。降雨强度是指在暴风雨最强烈的阶段，给定时间段内（例如，每24小时15cm）的降雨量。暴雨工程师通常在计算中使用暴雨中最强的降雨量（峰值强度），并使用这种设计暴雨强度来确定"1年"或"25年"间暴雨的流域大小。设计暴风雨越大，洼地面积就越大。选择使用哪种设计暴雨强度是一门不太精确的艺术，因为它取决于雨滴从屋顶降落到雨水花园的时间，以及其他因素等。对于家庭雨水花园，没有完全等同于自然界的暴风雨，因此也没有必要如此精确。你完全可以通过三种方式选择降雨强度值：用雨量计跟踪降雨量，查看显示你所在地区的每日或每小时降雨量的降雨图表，或者咨询你当地的公共工程部，看看他们使用什么方式统计暴雨强度。我们建议综合考虑你所在地区的降雨量，看看它们如何影响你计算的雨水径流量。

确定体积

要确定你的雨水花园的尺寸，首先你需要计算雨水径流量。让我们假设有1000平方英尺（93m²）的汇水面积指向你的雨水花园，你当地的公共工程部告诉你，他们使用每小时25mm的降雨强度作为平均设计暴雨强度。根据降雨经验，你知道你所在地区的暴雨通常持续约1h。使用以下方程式将集水面积转换为1h暴雨期间的排水量：

径流量（立方英尺）=总排水面积（平方英尺）× [降雨强度（英寸/h）×（1英尺/ 12英寸）] × 暴雨持续时间（h）

$$径流量 = 1000平方英尺 \times \left[\frac{1英寸}{1h} \times \frac{1英尺}{12英寸} \right] \times 1h = 83.3立方英尺$$

在此计算中，首先在括号内进行乘法，然后将该值乘以平方英尺。

....

对于国际度量计算，请使用以下公式：

径流量（m³）=总排水面积（m²）× [降雨强度（mm/h）×（1m/ 1000mm）] × 暴雨持续时间（h）

$$径流量 = 93m^2 \times \left[\frac{25mm}{1h} \times \frac{1m}{1000mm} \right] \times 1h = 2.3m^3$$

因此，雨水花园的容积为2.3m³，以便在1h内，保持每小时峰值降雨量达25mm的暴雨径流。

如果你想知道当地的平均降雨量，就需要做一些研究。其中追踪和解释降雨数据可能有点棘手，但是你可以找本地专家，他们可以解答你在设计过程中会遇到的问题。工程师们对强度（降雨强度）、持续时间（每次暴雨持续多长时间）和频率（两次暴雨之间的时间间隔）感兴趣。这些因素都会影响雨水花园填满的速度，以及雨水是否会在暴风雨之间渗入。如果你在雨花园设计中使用了该地区暴雨强度值，你的雨水花园就可以处理当地气候条件下最强烈的暴风雨，很少溢出。

如果你在追踪当地降雨强度信息方面遇到困难，可以从美国地质调查局、国家海洋局和大气管理局以及澳大利亚气象局获取日平均降雨量图表。这些图表可用于捕捉雨水花园中每日平均降雨深度。如果你无法获取到当地的数据，最后一种方法就是：以每小时2.5cm的降雨强度为准，这样你就可以从大多数强风暴中成功获取雨洪。

确定雨水花园的深度

下一步是确定你的雨水花园的理想深度，然后用这个深度和计算出的雨水径流量来计算它的表面积。在壤土中，雨水花园的深度在15—22.5cm之间，在沙化严重的土壤中，雨水花园可能只有7.5cm深就足够了。在排水缓慢的土壤中，你可以挖一个深达60cm的洼地，这个额外的深度将帮助你捕捉大量的雨水径流，但是要知道，在排水缓慢的土壤中，60cm深的水可能需要一周的时间才能完全渗入土壤中，从而为蚊子创造了繁殖地。解决的办法是：用一种能快速排水的土壤混合物，完全填满洼地表面，仅留下15—22.5cm的水平凹陷。从土壤表面到雨水花园底部的距离称为汇集深度，因为它决定了洼地中蓄水的深度。您如何确定最佳蓄水深度呢？土壤质地和类型是问题的关键。带状试验、罐状试验或渗透试验，都允许你估计土壤的排水速率。因为雨水花园应该能在24h之内渗入土壤所有的积水，所以可以转换排水速率从厘米（cm）每小时（h）到厘米（cm）每天，例如，假设在渗透试验中，测试孔中的雨水在6h内下降了2.5cm，如果你的雨水花园从洼地底部到花园底部有10cm深，它应该能在24h内渗透所有落入其中的雨水。如果你把雨水花园的深度设计的比这个深度更深的话，你不仅可能会收集到更多的雨水，而且还会超过24h之内的排水能力。您可以通过改变雨水花园底部的高度来控制洼地的汇集深度。将溢出的雨水从洼地中引流出来，沿着你设计的排水路径，或者通过地面排水沟，又或者通过更加复杂的地下排水系统。从洼地底部到雨水花园底部的垂直距离将决定洼地蓄水的深度。有关雨水溢出设计的更多信息，请参见本章末尾。

最大汇集深度（英寸或cm）=土壤排水速率（英寸/h或cm/h）×24h/天

$$最大汇集深度=\left[\frac{1英寸}{6h}\times\frac{24h}{1天}\right]=4英寸/天$$

$$最大汇集深度=\left[\frac{2.5cm}{6h}\times\frac{24h}{1天}\right]=10cm/天$$

续

续

确定雨水花园的表面积

因为体积是面积和深度的乘积，一旦你确定了理想的体积和深度，就很容易计算出你的雨水花园的表面积。在上一个方程式中计算的汇集深度以英寸或厘米（cm）为单位，因此这里需要转换为英尺或米（m）。

$$\text{雨水花园面积}（\text{平方英尺}）=\frac{\text{雨水花园储存量（立方英尺）}}{\left[\text{雨水花园汇集深度（英寸）}\times\left(\dfrac{1\text{英尺}}{12\text{英寸}}\right)\right]}$$

$$\text{雨水花园面积}=\frac{83.3\text{立方英尺}}{\left[4\text{英寸}\times\left(\dfrac{1\text{英尺}}{12\text{英寸}}\right)\right]}=250\text{平方英尺}$$

$$\text{雨水花园面积}（\text{平方英尺}）=\frac{\text{雨水花园储存量（}m^3\text{）}}{\left[\text{雨水花园汇集深度（cm）}\times\left(\dfrac{1m}{100cm}\right)\right]}$$

$$\text{雨水花园面积}=\frac{2.3m^3}{\left[10cm\times\left(\dfrac{1m}{100cm}\right)\right]}=23\text{平方英尺}$$

关于雨水花园的蓄水深度：蓄水结构底部和花园底部排水口的位置关系

排水口

进水口

蓄水深（出口底部至洼地底部）

洼地底部

根际土壤

改良土壤

这个雨水花园通过岩石堆砌的分流洼地，可以将雨洪从庭院里引向街道排水处

72

确定雨水花园的长度和宽度

现在你已经知道了雨水花园的表面积和深度了，此外，你还可能已经知道雨水花园的长度或宽度，例如，如果它需要放在建筑与人行道之间，看看你的景观规划设计图，或者走到室外去观察，注意场地现有尺寸限制雨水花园长度或宽度的地方。

用这个场地现有尺寸来确定雨水花园的合适位置，并确定场地内剩余的面积。

$$长度 = \frac{面积}{极限宽度}$$

$$宽度 = \frac{面积}{极限长度}$$

为你的雨水花园选择一个确定的形状

你可以为雨水花园选择任何形状，所以希望你要有创意。圆形或类似变形虫一样的形状创造了许多边缘，这对大多数生长在边界地带的植物很重要。如果很难计算出你创建的形状的面积，可以把它分成近似的矩形或圆形，计算出这些几何形状的面积，然后把它们加在一起就可以。

如果你正在处理一个坡度在5%—20%之间的场地，或者如果你想用你的雨水花园灌溉一排果树或大型灌木，你可以建造一个狭长的含有水平洼地的雨水花园。水平洼地遵循等高线原则，它们的护堤是完全等高的（等高线是一条条假想的线，用于指示整个景观区域内的高程，其中落在某一等高线上的所有点都处于同一高程上）。

水平洼地型雨水花园通常为45—60cm宽，按照这个范围内的宽度来计算，水平洼地需要多长时间才能渗入所有的雨水径流。斜坡上的洼地连续性良好，因此考虑设计一系列洼地，将雨水从景观区域的顶部引流到底部。

让雨水径流进入雨水花园

在雨水花园中如何获取降雨，取决于它所处的地点和它的倾斜角度。您可以简单地将雨落管连接到埋藏于地下的波纹排水管上；或者您可以使用雨水链，在地面以及岩石瀑布之间来引导雨水流过您的景观区域。在这里，我们描述如何让雨水穿越景观区域后，移动到雨水花园，以及当降雨量大于您的雨水花园的集雨能力时，如何最好最快地处理雨水溢流。

跟踪雨水径流

在雨天，观察从你的雨落管流出的雨水径流——或者打开与雨落管连接的软管——并观察雨水流向哪里。它会流向雨水花园吗？如果没有，可以计划用管道或渠道将雨水径流从雨落管引到雨水花园。如果你的车道将大部分的雨水排到街道上（而不是车道的一侧），你需要在车道旁边设计并施工一处排水沟，或者沿着道路中央移除一条混凝土带用来排水，这样处理后就可以在你的庭院里建一处雨水花园了，最后遇到其他问题还可以咨询专家寻求帮助。

如果雨水汇集后几乎没有流向你的雨水花园，那么地面坡度可能小于2%。为了让雨水流动，排水管道或导流洼地仍然需要至少倾斜2%的坡度,所以在地面平坦处或向上的山坡上,排水管道尽可能埋深以产生需要的坡度,这就会形成一个坑状的雨水花园,这对于户外活动,例如举行鸡尾酒会来说是不适合的。在平坦的场地上,将雨水花园洼地尽量靠近雨落管,但离地基不会超过3m,你也可以将雨落管安装得略高于地面地坪,安装一个水龙头和一个侧向排水管道,这样就可以将水以至少2%的坡度向下引离建筑(只是不要让家庭成员和来访者发生绊倒的危险就可以)。

把雨水径流从屋顶引流到地面

大多数有倾斜屋顶的建筑都有排水沟和落水管,而平屋顶则使用被称为水渠、泄水孔或排水通道的长喷水口将雨水从建筑的墙壁上引流。如果你的房子没有排水沟或排水管,而你又没有打算添加它们,移动雨水的最简单策略是使用导流洼地。

如果你的落水管能正常工作,的确没有理由更换它们。但是如果你正在重新加盖屋顶,或者需要将雨水径流引流并通过混凝土人行道,你可能要考虑用管道或雨水链的方式,让雨水径流更具视觉效果和景观效应地从你的屋顶流下。雨水链、弧线形的通道犹如雕塑般,一同组成了雨水从屋顶到地面的路径,并为雨水花园的景观增添了动态的视觉元素——甚至是流畅的音乐元素。根据你的个人爱好,你可以选择明亮的铜杯将雨水从排水沟引向平滑的石头,或者让雨水沿着铁链流入木制的雨水桶中。如果你是一名雕塑爱好者,你可以制作像玛丽娜·温顿那样的陶瓷雨水钟,或者制作一个独立的雕塑来捕捉从雨水管道中倾泻而出的雨水径流。金属通道还可以在建筑物旁边的人行道上形成任意的弧线形,而无需切割混凝土。

这个雨水花园的特点是有一个由石头堆砌的导流槽,可以将雨水引流至雨水花园。这张照片拍摄于一场降雨量达15cm的暴雨后,估计有17000L的雨水从屋顶流出,并流入雨水花园而没有溢出

玛丽娜·温顿家里的雨铃在下雨的时候会发出动听旋律

花园里的金属雕塑把水从屋顶的排水管喷射到活动墙板和下方的雨水花园里

连接屋顶雨水径流和雨水
花园洼地的各种方法

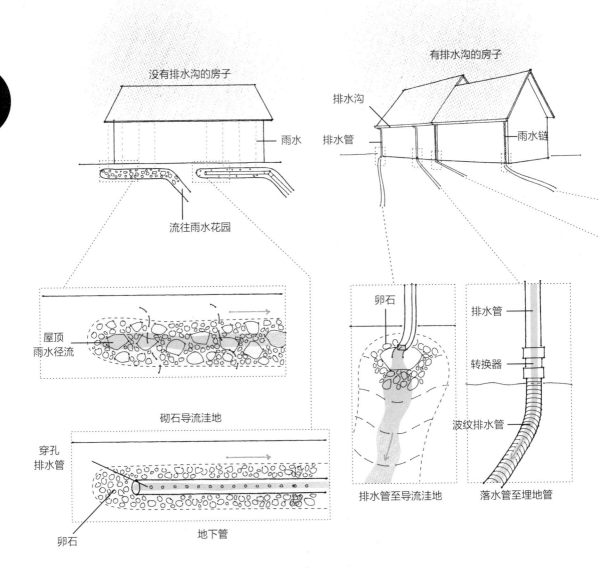

没有排水沟的房子

有排水沟的房子

排水沟

排水管

雨水链

雨水

流往雨水花园

屋顶
雨水径流

卵石

排水管

转换器

砌石导流洼地

波纹排水管

穿孔
排水管

卵石

地下管

排水管至导流洼地

落水管至埋地管

把雨水径流送到雨水花园

既然你已经确定了雨水花园的大小和位置，并把雨水从屋顶引导到地面，你还需要把雨水径流引入雨水花园的洼地。为此，雨水重力是你最大的盟友。尽管你可以安装一个集水池和水泵，从建筑的标高较低区域取雨水输送到一个标高较高的雨水花园处，但是水泵这种动力系统相对复杂、昂贵，并且耗能巨大——而且它们还会不可避免地发生故障。雨水重力则不会发生这些问题。最明智的选择是阻力最小的道路：也就是可以利用下坡的道路。

有五种基本方法可以将雨水径流输送到雨水花园，使用平板导流、植被导流洼地、砌石导流洼地、水槽或埋设排水管。根据您的偏好和场地具体的条件，选择这些方法之一或几种方法的组合。请注意，如果您使用平板导流或植被导流洼地，一些雨水径流在到达雨水花园之前就已经渗透入土壤中，例如，如果你的雨水花园离建筑很远，并且你在雨水径流运输的整个过程都使用了导流洼地，那么只有经过长时间的大暴雨之后，雨水才能到达雨水花园。

雨水要靠重力吸引才能流动，当雨水流经排水管道或排水通道时，必须使排水管道或排水通道保持至少2%倾斜度，雨水才能流动起来。因为雨水滞留会引起各种侵蚀，所以保持河道坡度在8%以下能促进雨水流动，并采取措施尽量减少雨水流过裸露土壤表面时产生的侵蚀。在平缓的斜坡上（1%—5%），植物会减缓水流的速度；

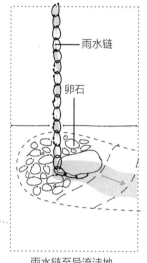

雨水链至导流洼地

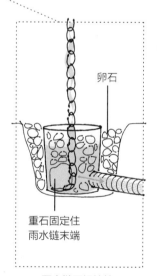

雨水链至埋地管

或利用平板导流或植被导流洼地，防止土壤被冲走。在岩石砌筑的河道中，这些石头形成了一道屏障，保护土壤免受侵蚀和雨水的冲刷。如果可以，为你的导流洼地铺设一条缓缓倾斜的小路，如果你的导流洼地穿过更陡峭的地面，那么你就需要建造岩石、砖块或碎石台阶了。

平板导流适合处理的是大面积扩散的雨水，然后以雨水层的形式在陆地表面流动，而不会汇集到细沟或沟渠中。如果你的雨水花园相对靠近你的排水系统，或者如果庭院的地面是分级的，所以雨水可能会直接流到你的雨水花园，你可能不需要建造任何导流结构。为了检查这种情况下雨水的流向，在你的落水管末端连接一根软管，然后打开它，如果大部分雨水流向你的雨水花园，说明一切都预计得很好。如果你还注意到雨水侵蚀了土壤，那么就请在排水系统表面和雨水花园之间添加植物或石头来减缓雨水径流的速度。

导流洼地是一个浅层的、平缓倾斜的通道，它将雨水输送到整个景观区域中。一个长满植物的导流洼地有45—60cm宽，可以有数百英尺长，它的设计是为了转移雨水而不是渗透雨水（如果导流洼地下面的土壤水分不饱和，那么一些雨水会沿着导流洼地向下渗入）。一个被植被覆盖的导流洼地会利用草或其他密度大、生长缓慢的植被来防止流水侵蚀流经的土壤。

岩石砌筑的导流洼地使用鹅卵石或圆砾石来减少水流的侵蚀力。虽然需要定期除草来保持水流畅通，但是石头导流洼地通常比植被导流洼地需要更少的维护，因为没有植物需要照料。尽管你需要定期除草以保持水流自由，你也可以在石头、混凝土、砖块或防腐木材（如柏树或红杉）制成的沟渠中引水。

如果你想要一条完全看不见的雨水径流路线，那只能使用埋地管。当收集屋顶雨水径流时，一根埋在地下的排水管道可以直接连接到落水管上，并进入雨水花园的某个地方——靠近地表面的地方。当从地面上的集水表面（如车道或草坪）收集雨水时，使用该区域内的排水沟将径流引向埋地管。埋地管的直径应该约为10cm，黑色柔性的波纹管或硬质的PVC排水管都可以完成该项排水工作。

这个位于庭院拐角处的雨水花园，在雨水瀑布般地倾泻到在人行道上并流入到街道之前，该雨水花园能捕获到大片的分散水流

为什么选择埋在地下的管道而不是导流洼地呢？坡度的限制是原因之一。管道可以将雨水向下移动到陡峭的、甚至垂直的斜坡上。而无砌筑或植被的导流洼地则必须沿着坡度在2%—4%之间的道路铺设，而石块砌筑的导流洼地及用木头、混凝土或金属铺设的洼地坡度可高达8%之多。如果你需要把雨水移动到更陡的斜坡上，在导流洼地的两个部分之间建造小瀑布是可行的（也被称为拦水坝）。如果在屋顶和雨水花园之间有一条小路、天井或其他硬质景观，那么让水流穿过地表或引导水流穿过雨水管道往往比直接在地下挖掘导流洼地更容易些。

让雨水径流自由进出你的雨水花园

流动的雨水会侵蚀土壤和覆盖物，最终会把植物冲走。进口：为雨水流进雨水花园的地方，出口：为雨水流出雨水花园的地方，雨水花园的进口和出口都集中了大量的水流，必须保护它们防止受到雨水的侵蚀。受到侵蚀的土壤和植物残渣会堵塞管道的进出水口，导致洪水溢流和泛滥，降低雨水花园的容量。因此，精心设计雨水花园出入口，是打造一个低维护的雨水花园的关键和核心。

首先来想想如何保护入口周围的土壤。选择包括用鹅卵石、排水岩石或砖块覆盖土壤；在入口下面放置一块大的表面平整的石头以促进排水、阻拦土壤；或种植一种密集的地被植物以固定土壤。如果你用一根管子把雨水输送到雨水花园，你可以在水管末端安装一个T形接头来分散水流，你还可能想用石头或植物来掩盖管道。在干燥的气候条件下可以选择种植莎草、灯心草或观赏草，这是一个绝妙的好主意，这些植物在进水口前形成的密集的纤维状的根系，能最大限度保证土壤不被侵蚀。

出水口允许雨水流出你的雨水花园，如果雨水太满，要溢出了，不管你之前多么仔细地计算了你的洼地的容积，总有一天会有一场预料之外的特大暴风雨降临，超出了你所有的预期和设计。雨水花园越小，雨水就越容易溢出。这时重要的是要给溢流的雨水一个安全的去处，如果你不这样做，在地心引力的作用下，它将将会为你选择一条路径，雨水可能会肆意流到你最不想让它去的地方，比如邻居的院子或地下室等地方。

首先要决定建立什么样的溢流系统：是地面排水沟，还是地下排水沟。在大多数情况下，地面排水沟的施工和工作都比较简单易行，但是，如果土壤排水量小于0.25cm/h，另外设立一个地下排水沟则就是必不可少的了。

地面排水沟

地面排水沟方案选项包括植被或岩石砌筑的导流洼地、沟渠和浅埋管道。在相对平缓的斜坡上，平板导流洼地也可以工作得很好。与雨水入口一样，雨水出口周围也需要砌筑石头、砖块和密集的植被来防止土壤被侵蚀。

雨水溢出时会流到哪里？把它安排到另外一个雨水花园是一个很好的选择。你也可以把它送到另一个雨水花园或雨水沟中。首要的问题是，除非你决定合作建造一个雨水花园，不然的话要确保雨水一定能从建筑的地基和邻居的建筑地基旁流出。

在排水沟和干井下面

如果你需要溢流到一个仅靠重力达不到的地方，或者你的土壤排水很慢，那需要选择一处地下排水沟或干井。这些选项需要更多的工程、时间和材料来安装，因此我们并不建议使用，除非绝对必要。

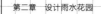

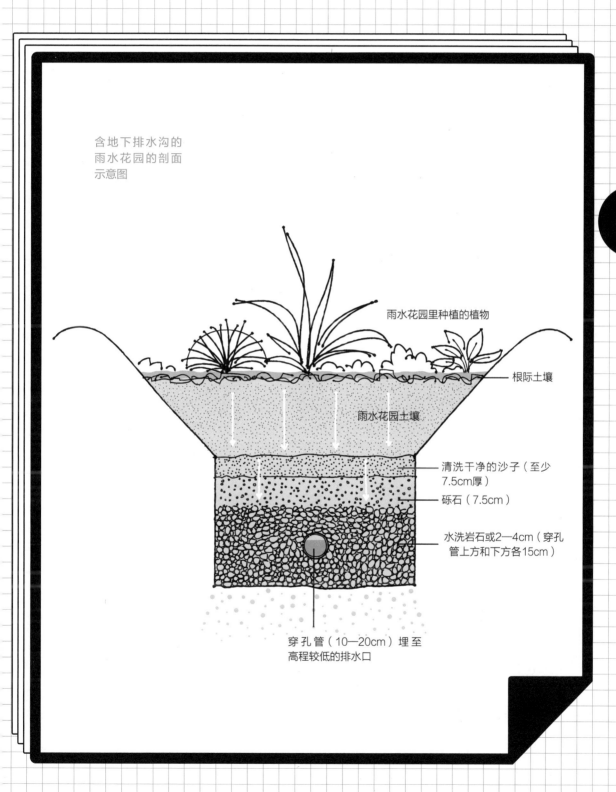

含地下排水沟的
雨水花园的剖面
示意图

雨水花园里种植的植物

根际土壤

雨水花园土壤

清洗干净的沙子（至少
7.5cm厚）

砾石（7.5cm）

水洗岩石或2—4cm（穿孔
管上方和下方各15cm）

穿孔管（10—20cm）埋至
高程较低的排水口

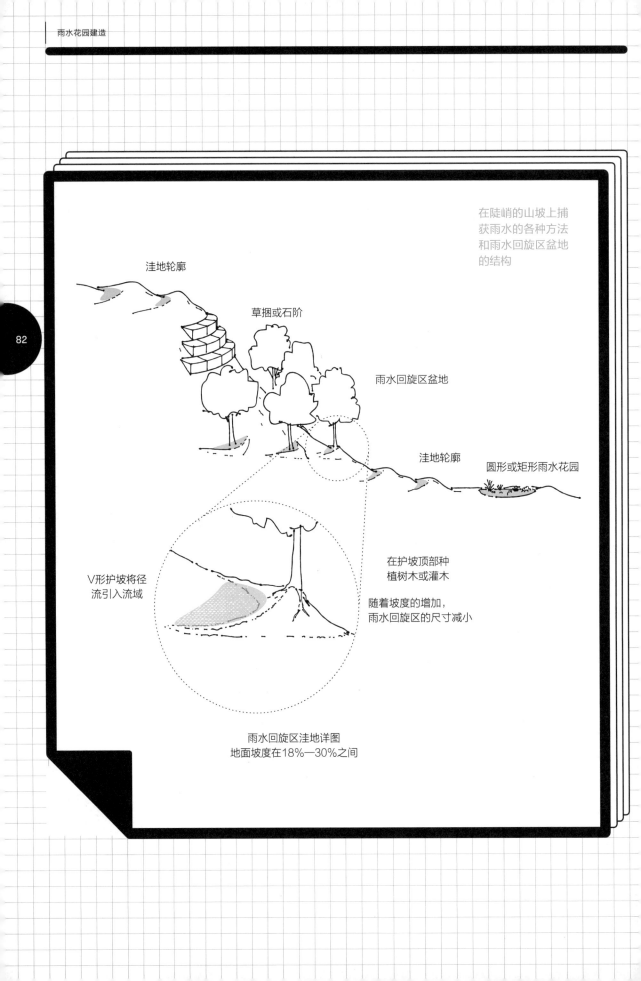

在陡峭的山坡上捕获雨水的各种方法和雨水回旋区盆地的结构

洼地轮廓

草捆或石阶

雨水回旋区盆地

洼地轮廓

圆形或矩形雨水花园

V形护坡将径流引入流域

在护坡顶部种植树木或灌木

随着坡度的增加，雨水回旋区的尺寸减小

雨水回旋区洼地详图
地面坡度在18%—30%之间

地下排水沟由排水管和雨水花园下面的碎石基层组成。排水管应向上延伸至雨水花园所需的汇集深度，但必须至少比入口低5cm才可以。排水管向下通向与埋地管连接的碎石基层，而埋地管又通向另一处雨水花园、植被区或雨水沟。用6.25mm的金属板或预制格栅覆盖排水管顶部，以防止碎屑和杂物落入。

干井是雨水花园洼地下面一个充满碎石或鹅卵石的坑。碎石之间的空隙提供了额外的蓄水能力。一口干井的形成，先要挖一个60—90cm深的盆地，之后用鹅卵石或碎石填充，直到低于地面35cm的位置，接下来，铺垫5cm的砾石或河流岩石，然后在其上面铺上5cm的圆形砾石，最后，填埋25cm的排水良好的土壤层（约40%的堆肥、混合沙土、浮石或其他当地可用的排水良好的土壤）于圆形砾石之上，然后用7.5cm的木屑、树皮覆盖物或树叶堆肥覆盖盆地，一口地下干井就这样形成了。

在陡峭的山坡上捕获雨水

如果你生活在一个陡峭的易发生山体滑坡的地区，你可能会担心过量的雨水渗入地下。如果你庭院所在地的土地非常不稳固，你应该找一位工程师或土壤科学专家，他们懂得有一定技术含量的雨水收集工作，并得到他（她）的建议与帮助。即使是在最陡峭的地方，只要你种植植物，植物强大的根系就能够稳定土壤，当然也会渗透一些雨水。在我们描述这些技术之前，我们先来快速了解一下斜坡上土壤的动力学特点。

在地球的表面，山脉的不断建成和不停的侵蚀作用交替重复进行。一旦大陆板块互相碰撞的力量把山脉不断推高，冰、风、雨、雪和微生物就开始侵蚀这些不断被推高的山脉。岩石能被风化成土壤，重力将巨石、卵石和土壤无情地拉下山坡，土壤从山顶滑落，堆积在山坡上，通常我们只能在转弯的坡道上看到这些堆积的土壤，或者在冲刷过的路面上看到它们。

重力通常使土壤牢固地被附着在岩石下面，除了重力之外，土壤颗粒之间的摩擦力，也就是所谓的内聚力，会使土壤颗粒粘贴聚集在一起，植物的根系也会把土壤紧密地结合在一起，这就是平整的山坡经常塌陷的原因之一。滑坡发生时，必须有某种外力将土壤颗粒推离足够远，以克服重力和内聚力的作用，这个力就是土壤孔隙中的水压力，当土壤变得更加饱和水分时，孔隙中的水压就会随之增加。在土壤水分饱和点，土壤与岩石接触平面上的水压与重力和内聚力互相抵消，土壤会像块石头一样滑下坡道，发生滑坡现象。一般来说，坡度越陡，土层越深，土层在滑动前的饱和程度就越低，也越容易发生滑坡。

当你试图控制斜坡上的雨水径流时，你想要足够渗透到土壤中的雨水来支持植物的庞大根系，以帮助将土壤固定在一起，使土壤不易滑动，但你又不想渗透太多的雨水，使土壤变得过分饱和。这样矛盾的问题，会有解决方案吗？似乎很渺茫。如果雨水以连续分散的片状形式流过斜坡，在坡上挖出几百个只有半铲深的坑，分散在整个斜坡的景观中，这些坑会截留土壤中的有机物并渗入一些雨水，而不会因其集中分布而导致斜坡的破坏和斜坡上的景观发生滑坡。在稍微平缓的斜坡上，那里的地面坡度为15%或更低，挖出更小的楔形的小型盆地就可以，除此之外，在山坡的底部和顶部分别建造等深的洼地也有助于缓解山体的滑坡。

如果雨水汇集到细沟内（或小的支流），宽度小于0.3m，深度小于0.3m，沿着细沟边缘设置若干个坚固的木桩，并在木桩之间满铺树枝，确保树枝靠近地面，其中一些小的树枝要捆扎起来，放在上坡的地方避免散开，这就是一处简易的防水堰，这个防水堰将减缓雨水径流。收集地面上的各种植物碎片，最终与土壤一起填入防水堰。再或者，你还可以挖掘水平梯田，沿梯田铺设稻草包，并用木桩将草包固定在山坡上。尽可能长时间地建造防水堰或草捆梯田，并将它们贯穿在现有的灌木或草丛中，以保证雨水径流连续而不会在防水堰或水平梯田的末端附近被切断。这些结构将雨水充分地分散到斜坡上，并将其保存在防水堰的灌木丛或梯田中，创造出营养丰富的梯田，供植物生长。然后这些植物会固定土壤并蒸发水分，从而大大降低了山体滑坡的风险。雨季时要注意防洪堰的安全，如果防洪堰被雨水冲走，要及时进行修复和保护。

项目

如何在斜坡上建造出飞镖形状的盆地

沿着坡道的方向，沿着坡度从16%—40%的山坡，建立一处V形小盆地局域网络。盆地的大小取决于其所在坡道的坡度。在16%的斜坡上，盆地的一边可达1.8m或更高，深度可达45cm。在40%的斜坡上，盆地的一边不应超过60cm，深度不应超过20cm。

材料

镐和鹤嘴锄：都能用来挖掘地面和土壤，麦克勒德：是一种消防工具。

1. 站在树木或灌木的下坡侧面（或者你将要种植的地方）。用鹤嘴锄或棍子在坡面上画一个V形图案，这样树木就在V形图案的起点上了。

2. 走到你刚刚画的这条线的顶端，从这一点向上再画一个V形图案。重复同样的动作、画出同样的V形图案。重复的V形线条的图案，应该看起来像一个渔网或网络。继续画下去，直到图案覆盖整个斜坡。

3. 在每组线之间的空白地挖掘盆地，站在V形图案的顶点上，用铁锹或消防工具麦克勒德松开土壤，将其填到网络中。在V形点附近的护堤要保证最高，并使其向上倾斜。用一把大锄头或消防工具麦克勒德的一个平边把护堤夯实。如果该地点没有树木或灌木，最好在护堤顶部种植一棵树木。

总结

恭喜你，你亲自设计了自己的雨水花园。现在准备好，来享受一下其中真正的乐趣——弄脏你的手，把植物种在地里。下一章中，我们将解释如何在地面上追踪集水洼地和盆地，挖掘盆地，铺设管道，并通过添加堆肥和覆盖物为植物准备土壤。当你从设计转向施工时，请记住雨水花园是随和且宽容的。如果你的盆地比你计划的要大一些或小一些，不要担心，任何大小的雨水花园都会对你当地的小溪、河流或海湾产生帮助的，并将你雨水花园的一角变成一片嗡嗡作响、叽叽喳喳、鲜花盛开的绿洲，美不胜收。

工作表

雨水花园信息

经验法则计算

总汇水面积（来自第一章）

....

有效径流面积（可选）：

....

集水区排水至　　　　　　盆地1：　盆地2：　盆地3：

....

总渗透面积（10%—30%
的集水区，取决于土壤类型）　　盆地1：　盆地2：　盆地3：

....

雨水花园深度：　　　　　盆地1：　盆地2：　盆地3：

工程师计算

设计暴雨强度：径流总量

_____

雨水花园深度（根据土壤类型，第一章）

_____

区域　　　　　　　　　盆地1：　盆地2：　盆地3：

零件检查表

（注意所有内容均适用于您
的设计）

\-\-\-\-\-\-\-\-所需落水管或雨水链
的长度

\-\-\-\-\-\-\-\-所需通道长度

\-\-\-\-\-\-\-\-需要10cm长的管道
（指定PVC或柔性排水管）
需要的管件（需要记录编号）

\-\-\-\-\-\-\-\-连接器

\-\-\-\-\-\-\-\-90°弯头

\-\-\-\-\-\-\-\-T形接头

\-\-\-\-\-\-\-\-落水管接头

\-\-\-\-\-\-\-\-其他所需材料

\-\-\-\-\-\-\-\-吨河岩

\-\-\-\-\-\-\-\-立方码（m³）修正土

\-\-\-\-\-\-\-\-立方码（m³）覆盖物
（指定种类）

\-\-\-\-\-\-\-\-石板、砖、摊铺机、
巨石等（注明数量）

体量较大的块石使这个雨水花园看起来
十分突出，这些块石同时充当了穿过雨
水花园的脚踏石或汀步

建造雨水花园

在本章中，我们将解释以下问题：

如何将图纸和数字，变成准备种植的雨水花园的盆地；我们讨论什么时候挖掘土壤和种植植物；比较和选择测量工具和挖掘工具，并指导您完成不同大小和形状的雨水花园的布局、挖掘和土壤准备；无论你的建筑有没有落水管、雨水链还是雕塑般美丽的渠道，我们都会帮助你找到并绘制一条雨水从屋顶流向雨水花园的路径；作为有社区公共意识的自助者，我们鼓励你召集一群朋友，尽量动手挖掘你的雨水花园，然而，我们也解释了如何用土方机械来挖掘雨水花园。

何时挖掘和种植

因为建造一个雨水花园需要挖掘土壤和种植植物，所以一年中建造雨水花园的最佳时间取决于当地的气候。一年中的任何时候都可以挖掘土壤和地面，但还是在地面没有结冰、不太潮湿或被高温烤成土坯的时候，挖掘工作容易多。北美和欧洲的大部分地区都有冬季降水，无论是下雨还是下雪，所以最好的工作时间通常是在土壤干燥后的春天或头几场雨之后的春天。如果土壤中黏土含量高，在土壤非常湿润的时候挖掘，会使土壤变得更加密实板结，形成光滑的土层，从而降低了雨水花园的排水速率。在潮湿的气候中，你可能想在地面变得稍微干燥后再挖土，然后在下一个雨季种植。

种植的最佳时间差异很大，特别是如果你还想尽量减少种植后的补充灌溉。以下是一些需要牢记的种植注意事项：

1. 如果在阴凉多雨的季节种植，雨水花园的植物将需要最少的补充灌溉。可能是冬天、早春或深秋，这取决于你住的地方的物候期。

2. 新移植的植物缺乏发达的根系，容易受到高温和水分胁迫，因此避免在非常炎热的时期种植。

3. 因为大多数种植在雨水花园里的植物，需要在地面结冰之前生根，所以如果你所在地区冬天很寒冷，你应该尽量避免深秋种植。如有疑问，请查询当地雨水花园指南或咨询当地农业推广服务部门，了解权威推荐的种植时间。

右页图：
这处雨水花园将屋顶露台和周围硬质铺装形成的雨水径流，利用周围的草地进行了接收

挖掘完盆地后，用挖掘叉在土壤中戳一些小孔以增加雨水的渗透

准备挖掘

如果人工挖掘，你可能会在花园的工具棚里放置你需要的大部分工具，至少你需要一把镐、铲子或铁锹、挖掘叉和一辆独轮车，来运输多余的泥土。如果你需要挖掘的地方处在多岩石的区域，那么岩石棒也是很有用的工具之一。耙子或消防工具McLeod可以很方便地塑造和平整护堤和盆地。你还需要一些其他工具来检查坡度和水平面平整度。

排水管和导流洼地必须至少倾斜2%，以便雨水流下，而环绕雨水花园流域的护堤必须水平，以很好地容纳积水。雨水花园入口必须低于落水管，雨水出口还必须低于入口。使用哪种工具来测量坡度和高度，您可以根据个人的喜好来选择。如果您可以且知道如何使用计算机和激光水准仪测量，你完全可以使用这些工具来调

平护堤顶部，就像调平参照物一样。如果你没有激光水准仪，又想要一种便宜的方法快速检查水平度，你可以用透明的乙烯管来制作你自己的水平仪（见下表）。

在挖掘之前，先要找当地的公用事业市政公司或私人公司，让他们来标记地下的煤气管线和水电管线等。使用定位器通常需要48—72小时来标记线路，公用事业市政公司通常会免费提供这样的服务，但可能只达到建筑红线区，如果是这样，你还需要雇佣一家私人公司，让他们在你的庭院内外标注公用事业基础设施。燃气管线和水电管线的埋深应至少为45cm，但如果调查显示这些管道穿过了您的雨水花园，则强烈建议您应置换雨水花园的位置。当你开始挖掘的时候，注意灌溉管线、旧的黏土区内的下水道管线和其他测量员可能遗漏的各种管线等。

项目

如何简单地测量水位

静止的水有其自己的水平面。古代建筑者用这个原理来平整墙壁和地基。你可以将一根透明的乙烯管连接到两根光滑的柱子上，然后用水填充乙烯管，来制作一个简单的水位仪。你用附在每根柱子上的尺子检查地面是否水平（或者用永久标记绘制）。柱子并不需要完全相同的长度，但是当两根柱子并排放在平地上时，每个尺子上的数字应该是相同的高度，也就是说，用尺子上的数据读取水平面或者水位的高低。

材料

透明乙烯基管，直径1.3cm，长7.5m（如果你挖掘的是长轮廓的洼地，可以更长）；

两根直柱或木杆（使用1英寸×2英寸的木材或竹子废料），每根约1.5m长；

8根拉链或60cm的钢丝；

手锯（把木杆锯成一定的长度）；

钳子（如果使用钢丝则需要）；

两个标尺或米尺（可选）；

短螺钉和螺丝刀（可选）。

1. 使用拉链或一根金属钢丝，连接一个标尺，使其与每根木杆的顶部齐平，或者使用永久标记以英寸或厘米（cm）为单位标记每根木杆。将木杆排放在水平地面上，确保木杆底部对齐时标尺上的数字相同。

2. 用拉链或金属钢丝将乙烯基管的一端固定在一根木杆的顶部，并沿木杆的整个长度铺设管道，将其固定在不同的点位上。用另一根木杆重复上述工作，使管子形成一个长U形，木杆的顶部连接到乙烯管的开口端。管道长度应至少为7.5m，但如果您有足够的财力，管道长度可延长至30m。

3. 给乙烯管注水。这是最棘手的工作。用量杯、水罐或漏斗把水倒进管子的一端，或者把乙烯管的一端放在一桶水里，在另一端用虹吸管努力吸水，让水充满乙烯管。

4. 当水填充乙烯管完毕，已经到达对面的另一侧木杆上时，将木杆保持在头顶上方，以消除水中气泡，这时气泡会慢慢上升到顶部。

利用水位

这是一份需要两人一起完成的工作，每人拿着一根木杆。一人（定点）站在护道或未来洼地的末端，用岩石、木杆或测量旗标记该点，并尽可能将木杆保持在标记点的垂直位置。另一个人（移动点）走过护堤或斜坡几步。每个人都观察乙烯管中水的高度，并报出数值。在斜坡或护堤上向上或向下移动木杆，直到水在两个标尺（对于水平护堤）上处于同一水平（相同高度、相同读数），或在每个标尺（对于倾斜沟渠或护堤）上都高于某一特定距离。例如，为了布置坡为2%的导流洼地，移动者将移动到距离非移动者3m远的地方，然后沿着斜坡向上和向下移动，直到移动者乙烯管中的水位液面比非移动者乙烯管中的水位液面高出6cm。注意，两个人都必须不断检查水位的高度，因为随着移动者在斜坡上上下下移动，水在管道中也随之上下移动，一旦两个木杆都处于正确的水平位置，移动者就会立即用旗子或木桩标记木杆底部的位置，然后继续穿过斜坡。接续这个定点，移动者变成非移动者，原来的非移动者就会穿过斜坡，继续与另一位同伴读数和定位。在此过程结束时，所有的标记旗帜将标记所需水平液面位置或倾斜护堤的路径。

你可以用面粉来标记雨水花园的护堤和地面，一根木杆标记着雨水花园的入口

雨水花园的布局

现在你要从规划布局转向土方工程。首先，仔细检查你绘制的地图是否与你所在的地点相匹配。用旗子或盆栽植物标记出你要挖掘的盆地的具体位置。然后确保雨水花园区域低于你的集水区，雨水径流可以自由地流向你的雨水花园。请记住，洼地或排水管道至少需要倾斜2%。

您可以使用标记油漆、粉笔、石头、竹竿或测量旗来标记盆地的边缘和排水管道。或者你可以使用我们最喜欢的工具，雨水花园专用软管。专用软管很容易被观察到和被任意移动，它形成的光滑曲线非常适合标记圆形或一切类似圆形的盆地。

下面的说明将指导您布置蓄水池和等高洼地。当你布置你的雨水花园时，不要害怕现场调整设计以使挖掘工作更容易进行，或者将现有的植物或其他花园的特征融入你的雨水花园。

雨水花园盆地形状的考虑

圆形或矩形盆地适用于坡度高达15%的场地。传统的雨水花园一般都呈宽而圆的形状，通常有类似变形虫一样的曲线延伸。雨水花园里出现的直线没有什么问题，但是矩形的边缘要比有缩进或延伸的曲线形状小得多。如果你的雨水花园是处在一个长方形的庭院或规则道路的附近，考虑一个更复杂的形状，为盆地创造更多的视觉兴趣。复杂的形状增加了边缘相对于盆地面积的长度，不规则的边缘和不同的斜坡为植物和野生动物创造了更多的微型栖息地。

在坡度为5%—20%之间的山坡上，你可以建造等高线洼地，或者长而浅的盆地，将雨水分散到整个景观中。在缓坡上，如果你想沿着护堤种植一排树或出于审美目的，可以挖一个等高线洼地。在15%—20%的斜坡上，利用等高线洼地减缓侵蚀，并沿斜坡水平分散雨水，因为雨水集中在一个地方可能会引发滑坡。挖两个或三个浅层的等高线洼地是一个好办法，这些洼地在斜坡上相继发生雨水渗透作用。这种策略增加了土壤中可储存的雨水量。根据经验，一般洼地

间的距离是洼地深度的20倍，例如0.3m的洼地，间距为6m。

如何布置一个经典的雨水花园

在平坦的场地上，简单地用一根花园专用软管或粉笔画出一个有趣的形状。在斜坡上，你可以使用来自盆地的填充材料来形成护堤，也可以到更远的山坡上挖掘土壤，并用这些天然土壤作为护堤。无论哪种方法，都要确保护堤是水平的，然后用软管或粉笔在雨水花园的外缘边界做上标记。

一旦你勾勒出每个盆地的轮廓，后退一步，试着想象一下那里有一个雨水花园。这个盆地对空间来说是太大还是太小？形状如何与周围的植物

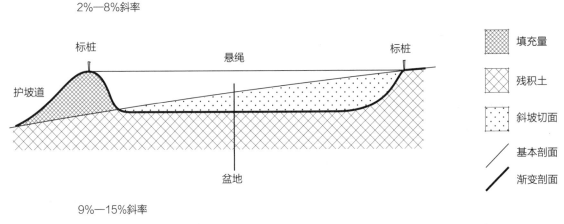

2%—8%斜率

标桩　　　　悬绳　　　　标桩
护坡道
盆地

填充量
残积土
斜坡切面
基本剖面
渐变剖面

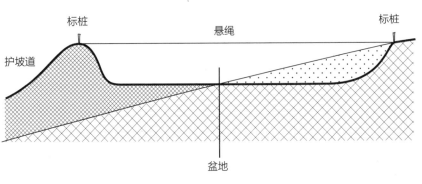

9%—15%斜率

标桩　　　　悬绳　　　　标桩
护坡道
盆地

传统的雨水花园盆地在缓坡上的布局不同。在雨水花园的下坡边缘放置木桩，并将水平标尺放在木桩顶部。这些标尺标志着护堤的高度。在缓坡（高达8%）上，护堤一般直接位于土壤表面。在中等坡度（9%—15%）上，使用盆地中的填充材料，形成坡的上侧护堤和下侧护堤

和结构相互协调？然后在形状和尺寸
上反复推敲和修改，直到你满意为
止，并标出盆地的轮廓。

　　盆地侧面应具有30°（约60%）
的坡度，否则，侧面可能塌陷或冲入
盆地。还要计算必要的流域插入深
度，请将流域深度乘以2。例如，一个
22.5cm深的盆地将有一个45cm的插入
深度，所以您将在盆地底部的45cm处
做二次标记行。这条标记线标志着盆
地的最底部。

　　用旗或石头标出雨水流入雨水花
园的地方。如果雨水花园溢流时，你
还要决定想让雨水从哪里溢流出来，
并做好标记，以确保溢流的雨水不会
淹没你的地下室（或邻居的地下室）。

如何布置等高线洼地

　　构建等高线洼地时，请先用您选
择的一个水平仪，来测量与地形图上类
似的等高线。等高线是水平的，也就是
说，它在任何地方都是相同的高程。

　　站在管道或导流洼地将进入雨水
花园洼地的地方。在地面上这一点放
置测量旗或45cm长的木质标杆。使用
水准仪或激光水准仪测量斜坡上的等
高线，沿未来的洼地每隔1.8m左右放
置一面旗或木质标杆。当你挖掘洼地
的时候，旗子要在护坡的顶部竖起，
所以要确保旗子至少高出地面30cm，
在施工时才可以被看到。如果可能的
话，在树木、灌木或大岩石处结束你
的标志，这样沿着斜坡流过护堤末端

95

洼地的面积和护堤的大小取决于坡度的大
小。斜坡越陡，洼地就会越长且越窄。洼地
应至少宽45cm，深30cm。护堤是盆地
的一面镜子，由从盆地中挖掘出的土壤组
成，并沿着斜坡的轮廓堆叠而成。护堤的
宽度应与盆地的宽度相同，高度应与盆地
的深度相同

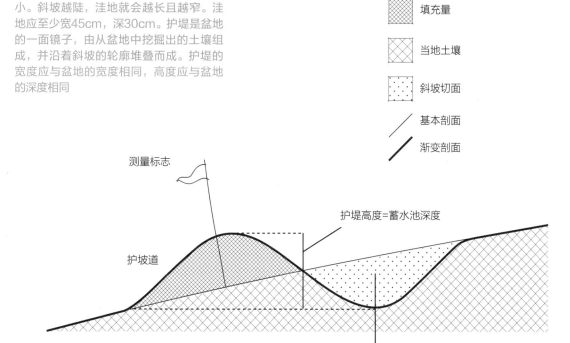

的雨水就不会冲走它们。

现在你可以退后了，想象一下旗帜线是洼地的护堤，而盆地就在护堤的上坡处。蓄水池至少45cm宽，30cm深。护堤是蓄水池的一面镜子，因为它是从洼地里挖出的泥土做成的。如果发现等高线洼地似乎在错误的位置，将其向上或向下移动来纠正。然后决定如果洼地被雨水充满了，你想让雨水从哪里溢出，并做好这个标记。

对照设计图纸检查盆地的表面积

挖掘前的最后一步是确保盆地面积的大小合适。测量盆地底部的长度和宽度（即插图的形状），并将这些数值相乘来计算面积（即使你的盆地非常不规则，你也可以假设它大致是长方形或圆形的）。如果盆地的实际面积比你在设计中计算的面积大得多或小得多，通过移动专用软管或粉笔标记来相应地调整其布局。

布置雨水径流输送系统

既然你已经布置好了雨水花园，看看花园风景对面的屋顶或车道，那是你的集水区表面。请参考你在现场评估过程中绘制的雨水流向图，以帮助你想象雨水将如何在那里流动。将雨水转移到雨水花园最简单的方法是什么？您可以使用导流槽、埋地管、渠道、水渠或多种策略的组合，或者简单地让雨水流过平缓倾斜的植被区。雨水转运系统的所有部分都需要缓缓倾斜。

导流洼地的布局

导流洼地可以是笔直的，也可以是弯曲的，呈柔和的弧线形，在挖掘时很容易形成这样的形状。它们必须缓慢倾斜（2%—8%之间）。如果坡度小于2%，雨水就不会流动起来，如果坡度大于8%，流动的雨水又会侵蚀土壤，最终填满雨水花园盆地。在这个阶段不要担心现场实际的坡度，但要选择一条尽可能逐渐向下倾斜的雨水路径，该路径越靠近最终的洼地斜坡，以后的挖掘量就会越少。

在确定了一条从落水管到盆地间的雨水径流通道之前，你可以随意选择洼地的布局。如果你的计划与设计需要一系列的盆地，那样雨水就会交错的流入和溢出，并最终穿过一个蜿蜒曲折的景观环境。

埋管与布置

如果你打算用埋管来输送雨水，那么要在落水管和雨水花园之间选择最短的路径，埋管可以从2%的倾斜度一直到垂直。用专用软管或粉笔在落水管到盆地之间画一条直线，如果直线穿过土堆、高地或树根区等障碍物，移动直线避开这些障碍物，可以节省挖掘时间。上述操作确保你能沿着下坡的路线挖一条沟渠。

如果您确实需要这条直线转向，请尝试使所有转折角度小于90°。较急促的转弯容易堵塞和减少管道中的雨水流量。对于波纹软管，铺设弯曲的管沟实现转弯。对于刚性水管，如果可能，使用45°和22°的弯头帮助转弯。

布置和挖掘雨水
花园洼地

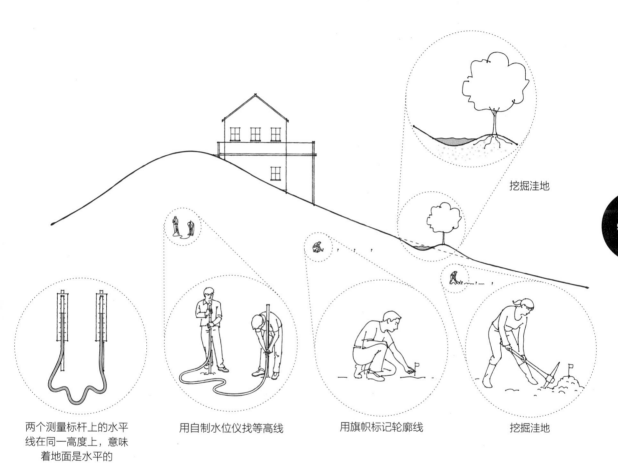

挖掘洼地

两个测量标杆上的水平
线在同一高度上，意味
着地面是水平的

用自制水位仪找等高线

用旗帜标记轮廓线

挖掘洼地

雨水花园施工检查表

在挖掘工作开始之前，请确保检查以下内容：

☐ 雨水能够流向你的雨水花园；

☐ 盆地边缘和地面都做了标记，盆地护坡各边的深度是盆地深度的两倍；

☐ 标记的盆地和设计的尺寸一样大；

☐ 每个盆地都有一个溢流排水管，其标记为通向另一个盆地、排水良好的区域或暴雨排水管道；

☐ 对埋管和导流洼地进行标识，避免树根和土堆等障碍物；

☐ 导流洼地坡度在2%—8%之间，陡峭的洼地需要检查防水堰，以控制土壤侵蚀；

☐ 标记处于浅层的公用设施的位置；

☐ 堆肥、覆盖物、河流岩石和工具都在工具棚内；

☐ 明确要把挖出的土堆在哪里。

砌石挡土墙与植物结合，植物柔化了挡土墙的冷硬感，这同时还是由同一条等高线形成一处平台的实例

引导雨水径流穿过硬质景观区域

如果雨水管道或导流洼地刚好穿过水泥人行道或露台，你需要用一把气动拆卸锯切断硬质景观表面，用油笔或粉笔画两条线，比排水管或雨水管道宽约5cm，横穿硬质景观区域表面，穿过人行道的切口可以用光滑的河床岩石和汀步石填充，也可以用金属格栅覆盖。

挖掘雨水花园盆地、洼地和沟渠

一旦你确定了雨水花园盆地和准备好了各种运输工具，你就可以开始挖掘了。最后要考虑的一点是，你要把挖掘出来的土壤放在哪里。如果你的雨水花园能容纳2m³雨水，那么你就需要找到一个同样能放置那么多泥土的地方。你可能会去填充一个低洼的地方，或者建一个大的护堤或土山地形，再或者用这些泥土来做土坯砖或烤玉米的土坯烤房，或者把这些泥土放在一块有免费标志的防水布上，赠送他人，也是可行和受欢迎的。总之在你开始挖掘之前一定要先弄清楚这些问题。

我们为写作这本书，采访了很多的景观设计师，他们都是用机器挖掘雨水花园的土塘。如果你的地面非常坚硬或多岩石，你也可以选择机器挖掘这个办法。但是人工挖掘盆地不仅可以节省不少的金钱，还能减少温室气体的排放，还有其他几个优点呢。人工挖掘是一种很好的锻炼，它能让你对土壤有一个更深入的了解，如果

挖一条能容纳排水管的浅沟，铺设排水管后，施工人员检查排水管是否向下倾斜，以利于排水

你把挖掘工作作为一种技能分享，对你的一群朋友来说是很有趣的事情。大一点的孩子通常都是狂热和坚持不懈的挖掘者，即使是小家伙也擅长踩踏护堤、耙石头或捡石头。而人工挖掘可以让你更容易地坚持一直挖下去，更能增加土壤渗透雨水的能力。如果人工挖掘一个巨大的盆地似乎令人望而生畏的话，那么就考虑一次挖几个小面积的盆地，逐渐过渡来完成全部盆地的挖掘工作。

用重型机械设备挖掘地面的技巧

因为在施工现场，重型机械设备会压实土壤并降低其渗透雨水的能力，所以千万不要驾驶反铲挖土机或挖掘机等一类重型机械越过或进入雨水花园。取而代之的做法是，应把它们停在标记的盆地边缘线之外，除非土壤中含有非常多的岩石或者你的雨水花园非常大，否则小型挖掘机就能开展工作。在你给出租公司打电话约进场机械之前，先要测量一下从花园边缘到中心的最长距离，然后确保你租用的机械设备有一个足够长的挖掘臂。

当你挖掘到合适的深度后，用反铲机械刮平盆地底部和侧面，使土壤变得更加疏松，然后用铲子、叉子和耙子等进行手工操作，把盆地表面和周边清理好。

人工挖掘技巧

对于某些相当有施工经验的园丁来说，没有什么任务比艰苦吃力的挖掘工作更令他们满意的了。挖掘任务很明确，工作内容很简单，最后花园主人奖励的冷饮的确是一个意外的惊

举办一个有趣的聚会来放松工作

告诉你所有的朋友，你正在建造一处雨水花园。在你进行设计和初步研讨的时候，你可以邀请朋友们一起去当地的自然景观区域做徒步旅行，看看喜水的植物；一起去当地的植物销售部门，询问他们可能适合种植在雨水花园的植物的种类或分类；邀请更多人参加你的集中挖掘工作，你至少需要6个人手，如果来了15个人，工作会变得更加容易。将这一天的工作作为技能分享——你将分享你所学到的关于雨水花园的很多知识，他们将学到如何挖掘雨水花园的知识与技能。告诉他们你会提供午餐和饮料，特别提到还有你家庭自制的罐装果酱、新鲜园艺产品或自制啤酒或冰淇淋，这些食物总是有助于吸引人群，你也可以为参加挖掘工作的人员分组，为每组举办速度或耐力比赛，获胜队将获得更多更好的奖品。

在工作日之前用一个下午的时间，通过标记洼地、管线和水池的位置来准备场地。仔细阅读本章内容，并思考如何向您的助手解释挖掘工作的过程和要求。在一张足够大的纸上列出所有的任务清单，并将其张贴在工作现场附近做提示；移植任何要从雨水花园区移走的植物；收集所有必要的材料、管道、配件、堆肥、覆盖物、岩石和植物；向朋友或当地工具工具库房借出铲子、镐、耙子和手推车等。

在集中工作那天，要准备好工作手套、工具、水、庇荫处和其他可利用的雨水花园资源。解释一下一天的工作，然后把施工人员分成盆地挖掘组、排水管工程组和绿化种植组。如果有人员迟到，将这些工作人员补充到以上各工作组中即可，并教会他们将要从事的工作，让他们学到最好的工作内容。

午餐后要休息足够长的时间，遵守你工作的结束时间。计划工作5小时，其目标是早点完成工作任务。最重要的是，确保工作是有趣的，让施工人员知道如何和为什么要做一个雨水花园，让每个人都知道，当他们也准备挖掘一处雨水花园时，你一定会过来帮忙的。

喜。如果你是这种类型的园丁，并且已经摸索出一套适合你的土壤特点的经验与技术，请忽略我们的挖掘建议。否则，请继续阅读以下建议。

挖掘工作应该是很耗费体力的，但不要一直工作到筋疲力尽——如果挖掘任务变得累人或乏味，可以考虑租一个旋耕机，或者打电话给朋友寻求帮助，再或者雇几位工人师傅来完成这项工作。不要匆忙地工作，更不要在高温热浪中挖掘，也不要忽视自己因身体的劳累而引发的各种疼痛。

挖掘开始时，先用挖掘叉松开土壤，然后用铲子把土壤挖出来，再用鹤嘴锄松开坚硬的黏土，撬出岩石等。如果你在黏土或壤土中挖掘，铲土环节和频繁的步行会压实土壤，所以当挖掘盆地达到你想要的深度时，用挖掘叉松开盆地底部的土壤，并且在盆地底部尽量多戳出孔洞，孔洞越多，雨水就会渗透得越好。

挖掘工作对地表面、对你自己的雨水花园、对建设社区都有很多益处

挖掘工作的程序与步骤说明

以下的说明将能指导您挖掘圆形或矩形盆地和长而细的轮廓的洼地。在基本说明之后，我们讨论了不同排水条件下需要修改的内容和补充的说明。以下需要思考的内容适用于所有的盆地类型：

▶ 当盆地的大小和形状符合你的要求时，退后一步看看，对空间来说它是太小还是太大？形状有趣吗？请相信你的直觉，不要被你的场地规划所束缚，调整一下盆地的形状，直到它看起来和其他景观搭配得宜。

▶ 一旦挖好了雨水花园的盆地，就可以开始挖掘从落水管到雨水花园入口处的洼地或沟渠，检查沟渠是否从落水管处向下倾斜至雨水花园，如果使用排水管，请将其掩埋起来。

▶ 最后挖掘盆地的出口，请谨记，这处雨水出口必须低于雨水入口，具

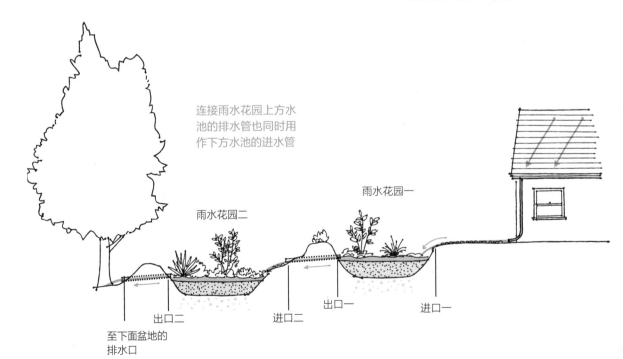

连接雨水花园上方水池的排水管也同时用作下方水池的进水管

雨水花园一

雨水花园二

出口二

进口二

出口一

进口一

至下面盆地的排水口

体要低多少呢？虽然目前意见不一，但5—15cm是一个很好的经验数据。

▶ 如果你使用的是溢流管，那么管道底部应该比入口底部低7.5cm。如果场地条件允许的话，管道的顶部可以和护堤顶部齐平。

▶ 如果雨水出口通向导流洼地或第二个盆地，则应在低于护堤10cm的出口处做成一个凹陷，然后用石头或砖块在出口处排成一条直线状的该处凹陷的边界。

▶ 如果你要把屋顶的雨水径流转移到一系列的盆地中，那么先挖掘最高的盆地，然后再挖掘位于其下面的其他盆地。用洼地导流槽或埋管将两个盆地连接起来，方法与将落水管连接到盆地的方法相同。

挖掘一个经典的雨水花园盆地

不要在坡度超过15%的斜坡上建造一个典型的盆地，这可能引起滑坡。在这种情况下，应改为挖掘一处等高线洼地才可以。

1. 从标记的内线位置开始挖至设计深度，并将盆地的中心挖至该深度。

2. 把盆地的边缘挖掘到你标记的外线位置。斜坡的坡度应该在60%左右（30°）——如果再陡一些的话，斜坡就会塌陷到盆地中。

3. 在平坦的场地上，用挖出的土在盆地四周做一个护堤。如果你在一个缓坡上挖掘，把土壤放在盆地的下坡边，再做一个护堤，并用脚踩踏护堤使其压紧，这样雨水流入雨水花园时就不会侵蚀护堤。

4. 将盆地底部调平，这是雨水花园建设的关键阶段，盆地的容量设计可以实现每天排放一定量的雨水，如果盆地底部不水平，雨水就不能有效地排出并形成积水。

5. 在你希望的盆地雨水溢流出来的地方，将护堤降低10cm以形成排水口，并通过在溢流点周围铺设鹅卵石、砖块或碎石来建造溢洪道，或者你还可以在溢洪道中放一根10cm的排水管，用泥土覆盖，并在排水管周围放置鹅卵石或河石来隐藏管道并保护周

各种深度和形状的盆地，为一系列的动植物创造了微型栖息地

104

围的土壤。

改良排水良好的土壤

如果你的土壤是疏松的、沙质土壤或是壤土，每小时渗透2.5cm或更多，就可以在盆地的底部和侧面撒上7.5cm的木质堆肥，使用挖掘叉，将土壤松开至15cm的深度，并将堆肥充分混合到土壤中，一定要把它们完全混合在一起才行。

改良排水不良的土壤

处理排水不良的土壤时，一种选择是用松散的土壤填充满盆地：将40%的堆肥与60%的沙子、浮石或其他快速排水材料充分混合，这样来保证土壤良好的排水性能。将这种混合物搅拌到盆底至少7.5cm的土壤中，然后每次加入15cm的泥土混合物，还要通过踩踏混合物表面以压实每一层土壤。混合物不要完全填满盆地——留出你在设计章节中计算的盆地空余的空间。盆地顶部放置7.5cm厚的木屑、树皮覆盖物或木质堆肥等。

如果你的土壤每小时排水量少于0.25cm，可以考虑在雨水花园盆地下面安装一口干井。在盆地底部挖一个深坑（60—90cm），然后用鹅卵石或碎石将盆地填满一半，再用一层很薄的豌豆状圆形的砾石填充盆地剩余的部分，最后用一层很厚的改良土壤（40%的堆肥、60%的沙子、浮石或其他当地可获得的排水材料）填充，直到几乎与盆地底部齐平，最后用至少7.5cm的木屑、树皮覆盖物或木质堆肥覆盖干井的顶部和盆地的底部。

挖掘一个处于同一等高线上的洼地

等高线洼地被设计成可以渗透雨水，并且处于水平位置，而引流洼地被设计成能移动雨水并逐渐地倾斜，穿过景观区域和斜坡，坡度一般在2%左右。

1. 使用激光水准仪或水位仪，用旗帜标出等高线，移植场地内任何你想要保留或使用的、沿着这条

等高线生长的植物。

2. 选择工具，一把鹤嘴锄（一端宽的鹤嘴锄）或一把麦克劳德消防工具，就能完成这项工作，耙子或宽刃锄头也有助于抛光被挖掘的土壤表面。

3. 站在标志线的正下方，面朝上坡时，将工具的刀刃端对准离标志线45cm的上坡。用力向下铲动，使泥土松动。然后向你所在的方向刮去松散的泥土，沿着等高线堆积起来（如果你用的是锄头，把锄头侧转，用锄头的刀刃侧刮泥土）。重复这个挖掘动作，直到你有一个面朝上坡、宽而浅的、内部凹陷的护堤。

4. 继续沿着斜坡工作，直到护堤和盆地延伸到测量的等高线的长度。在现场你应该有一排旗子（或标杆）伸出护堤的顶部，并确保护堤沿旗帜线居中，用脚充分踩踏以夯实护堤，然后用水位仪检查护堤各个位置的顶部的水位，确保其在整个长度上都处于相同的高度。最后将泥土添加到高度低于等高线的位点，或者将泥土从高出等高线的位置移除。请注意，洼地的护堤必须位于等高线上，但盆地的海拔高度可能因植物的需水量而发生变化。例如，你可以在喜水湿的树木附近的洼地里，挖更深的坑给它们额外的雨水供应。

5. 走到洼地的一端，你看到附近有大树、灌木或岩石，还有轻微的上坡吗？在护堤的末端与这棵树或岩石之间插上一两面旗子（如果没有树或岩石，你可以考虑以后种植灌木或树木），现在就可以继续沿着这条旗帜线挖掘洼地（应该沿着坡度稍微弯曲）。你可以让护堤的顶部保持水平，并且其顶部嵌入一棵树或岩石等。盆地应该要向下倾斜，以这种方式处理洼地，防止雨水在洼地末端冲击和侵蚀护堤。在洼地的另一端重复这种方式即可。

6. 确定了你希望的洼地雨水溢出的位置，并在此位置降低护堤10cm。在护堤的周围铺上鹅卵石、砖块或碎石，建造一条溢洪道。

7. 在护堤和盆地上覆盖一层稻草、山核桃壳、树皮或木屑作为覆盖物，减少雨水蒸腾。

项目

如何修建拦水坝

拦水坝减缓了流经导流洼地的雨水径流。拦水坝通常是用岩石砌筑的，但也可以通过在木桩周围编织枝条来建造。一座拦水坝看起来像是一个石阶，位于一个平坦的石头平台上，用来防止雨水的溅射和阻挡雨水径流。雨水径流可以通过岩石和树枝之间的缝隙流动，但是土壤被截留和固定在拦水坝的后面。在大暴雨中，拦水坝表面的防溅板还可以破坏流经拦水坝的雨水径流。在导流洼地的直线路段，可以修建垂直于导流洼地的拦水坝。

对于0.9m宽的洼地，拦水坝需要5—7块块状岩石，拦水坝表面的防溅板需要5—15块平板状岩石（取决于岩石的大小）。选择的块状岩石要比导流洼地深度高7.5cm；而对于其表面的防溅板，则应该使用更薄、更平坦的岩石板。

材料

岩石（大致一个人的头部那般大小）　　抹灰
锄头或鹤嘴锄　　耙
铲子

1. 在导流洼地上画一条直线，以这条直线为中点，每侧向河岸延伸0.3m。

2. 沿着这条直线挖一条15—30cm宽的沟。沟渠底部应水平，其底部并位于导流洼地底部以下5—10cm处。沟渠要一直延伸到导流洼地的堤岸处，这是很重要的要求——否则，雨水将在拦水坝的末端附近被切断，形成土壤侵蚀。

3. 在沟里铺一层石头，石头之间的间隙应该小于5cm。使拦水坝的顶部大致水平，但中间部分要低2.5—5cm。

4. 用锄头在较高的岩石下面挖出泥土，然后把泥土推到松动的岩石下面，用来固定它们。

5. 在拦水坝下放置一块由平坦的石头或岩石组成的防溅挡板。

6. 用泥土填满沟渠直至岩石边缘，并用耙子找平坡度。

7. 在拦水坝后面堆放些小木枝或长毛刷子类，以收集和阻拦各种碎片进入沟渠。

如何挖掘导流洼地和埋设各种管线

一旦你挖掘好了雨水花园盆地，下一步就是建造导流洼地和埋设各种管线，将雨水径流输送到那里。我们分别提供分流槽和埋地管道的单独说明，但你也可以将两者结合起来。例如，你可以从洼地过渡到埋地管道，以便在路径下引流雨水，确保用鹅卵石或砾石保护管道进出口周围的土壤，避免雨水的侵蚀。

挖掘导流洼地

导流洼地使雨水穿过地表景观，而不是藏在其下面。导流洼地提供了管道所没有的几个优点：植被覆盖的导流洼地可以为野生动物提供栖息地和食物来源；它们增加了可以渗入花园的雨水量，因为一些雨水在通往雨水花园的路上渗入了地下土壤中；它们易于维护，因为积累的任何碎片和杂物都易于发现和清除；当雨水溅到洼地时形成的瀑布般的动态水景，不仅吸引了人们的视线，更可以抚慰大家的心灵和情绪。

1. 在通往雨水花园盆地的雨水链上或落水管处挖一个相对较浅且平缓倾斜的洼地。

2. 检查洼地坡度至少为2%，不超过8%。使用拦水坝（或岩石砌筑的低矮景墙）将雨水移过陡峭的雨水瀑布或水幕。

3. 在洼地进入雨水花园的地方，用河石、鹅卵石、砖块或混凝土、瓦砾等覆盖土壤。

4. 将观赏草、野花或像莎草或灯心草这样的耐旱植物种植在洼地中，并用河石来衬托植物景观。

项目

将落水管连接到导流洼地

材料

落水管（PVC或金属）	测量带　铲或裁切刀
PVC锯（用于切割PVC落水管）	鹅卵石或砾石（约0.02m³）
钢锯（用于切割金属落水管）	铺路机大而表面平的石头

1. 如果还没有落水管，安装落水管或将现有落水管切割到离地面约20cm处。然后安装一个弯曲的落水管，再用合适的配件将雨水从建筑地基上引开。落水管应延伸至离地基0.6m远的地方。

2. 如果你不希望雨水汇集在建筑地基上，确保地面倾斜以使雨水远离建筑地基，并顺利地进入洼地。用铲子或泥铲，在落水管的末端下面挖一个浅孔，以固定石板、鹅卵石或铺路材料（你可以用几块铺路材料，或一块圆形的鹅卵石，或者一块被鹅卵石包围的石板——只要确保雨水溅落到岩石上，而不是溅落到土壤上就可以了）。这个浅孔应该是圆形的或方形的，宽大约60cm，深大约7.5cm。

3. 用铺路机将石板或鹅卵石铺在落水管下面，必要时用泥土回填间隙。

铺设埋管

你可以用PVC硬质管或波纹软质管把雨水运送到你的雨水花园。在较浅的斜坡上（2%—4%的坡度）要使用聚氯乙烯材质的管道，因为波纹管中凹凸分布的脊线会降低雨水的流速。

1. 从落水管底部挖出一条连续向下倾斜的沟渠，通向雨水花园。沟渠深度应为20cm，宽度至少为15cm。

2. 将10cm的排水管放在沟渠中，检查排水管倾斜至少2%。波纹排水管可以通过弯曲管来转弯，这些弯曲的管道比90°的弯头堵塞的可能性要小很多。在无法避免急转弯的地方只能使用90°弯头，用裁切刀切开波纹管的一端并连接上弯头。刚性排水管可以用钢锯切割，并与弯头配件相连接，配件的角度有90°、45°和22°。虽然有些水管工更喜欢使用胶水，尤其是在水管容易结霜凝露的地方，因为反复的冰冻和解冻会把水管从连接它们的配件上脱落下来，但是本文作者认为，使用胶水粘接排水管道是没有必要的。

3. 对雨水花园附近的沟渠进行回填，并在上面行走踩踏以夯实（将管道连接到落水管后，将沟渠的其余部分回填土壤，并确保其向雨水花园倾斜）。

4. 在流入雨水花园的管道的末端周围放置鹅卵石、砖块或碎石，但不要堵塞管道。用河石、砖、装饰性铺路材料或石板在管道下面做一个防溅板，以减弱雨水流入盆地时的冲击力。

连接到埋管
的 雨 水 链
（使用金属
杯引流雨水）

这是竣工的雨水花园：花园里地下管道连接着落水管，在花园的最右边是雨水的入口，被卵石和岩石覆盖着，以防止土壤被雨水侵蚀

将雨水运输系统连接到你的雨水花园

在设计雨水输送系统时，您选择使用落水管或雨链将雨水从屋顶输送到地面，并通过导流洼地或埋管转移到雨水花园中。在这里，我们将描述如何连接运输系统，将您的屋顶连接到雨水花园。我们假设你已经安装了一个从建筑物的边缘到雨水花园盆地的导流洼地或埋管。

连接落水管

落水管可由镀锌钢、PVC塑料或铜金属制成，横截面为矩形或圆形。10cm的排水管是圆形的，由软质波纹黑色塑料或硬质白色PVC制成。你可以在建材供应商店找到连接方形或圆形落水管的各种管道配件，也可以找到软质波纹管或刚性落水管的管道配件。

连接雨水链

雨水链可以直接连到排水沟或溪流，可以由多种材料制成。钢链、装饰性的铜雨水链或串联的铜杯铜环都能把雨水从屋顶引向地面。购买一条至少比你需要的尺寸长45cm的链条。铜制雨水链和杯子带有一个可扩展的挂钩，可以直接挂在水槽上。如果使用钢链，你可以在花园商店购买可扩展的挂钩，或者用钩子或其他硬件制作一个挂钩。你需要在排水沟上钻一

项目

落水管连接到埋地管道

材料

PVC锯（用于切割PVC落水管）
钢锯（用于切割金属落水管）
测量带
铲子或泥铲
落水管

10cm排水管
90°弯管接头（与埋管材质相同）
排水短管（与埋管材质相同）
落水管至排水管接头配件（与埋管材料相同）

1. 如果你的雨水花园里还没有落水管，则需要安装一个落水管。或将现有的落水管接到露出地面的排水管上方约20cm处，该排水管应位于沟渠的底部。

2. 将落水管接头推到落水管底部，然后将90°弯头安装在通向雨水花园的排水管的末端，落水管接头应该在位于沟槽底部的90°弯头上方10—15cm处。

3. 对落水管接头的内部

到90°弯头配件顶部的内部进行测量，将排水管切成这个长度，放入弯管中，然后将其连接到落水管接头上。你不需要胶水粘接，因为重力自然会把排水管固定住（如果这个连接确实在暴雨期间开始泄漏，那么管道系统下游可能出现了阻塞）。

4. 用泥土回填满沟槽，盖住管道，然后通过踩踏把泥土踩实。

III

个洞来接纳和固定雨水链。确保雨水链与排水沟连接牢固，足够坚固以支撑链条和雨水的重量，然后悬挂雨水链并用漂亮的专用钉将其底部末端固定在地面上。

石板、铺路石或鹅卵石的防溅板减缓了雨水沿雨水链流下的冲击力，将防溅板稍微倾斜远离建筑地基。如果雨水链连接到一个洼地上，雨水就会穿过防溅板流入洼地。如果雨水链与埋地管道相连，可以填充鹅卵石来隐藏防溅板，这时需要埋入地下一个20L的集水桶，收集下落的雨水并与埋地管道相连。在靠近水桶底部的侧面开一个孔，该孔的孔径仅略大于管道的外径，然后将管道连入水桶中，不必担心会堵塞连接通道。

右页图：
雨水穿过人行道流到雨水花园的入口，雨水入口用光滑的河床岩石和汀步石覆盖

使用无沟槽屋檐和车道下方的洼地

一般而言，你希望位于屋顶上的排水沟能保护建筑物外墙不被雨水淋湿。较老的建筑物往往会沉降到地面以下，这可能会导致地基处积水，导致洪水溢流或霉菌滋生等问题。如果你的屋顶没有设计建筑排水沟，那么对建筑物周围的泥土进行分级就是至关重要的环节了，这样地面就会被处理成从地基处倾斜并远离地基至少60cm。然后就可以沿着建筑物的长度挖一个导流洼地。

1. 挖一个45—60cm宽，约30cm深的导流洼地，导流洼地的内边缘应位于屋檐滴水线以内15cm的范围，或者尽量在车道或露台的边缘。

2. 在滴水线正下方铺设一层河流岩石或石板，以防止土壤被冲走。在洼地中种植地被植物或观赏草和野花，并用5cm的木屑或粗堆肥覆盖。

3. 洼地建好后，再下雨的时候，到雨水花园去检视，确保雨水从屋顶滴落下来，或者从天井或车道上流下来，落在岩石层上，以确保土壤不会被侵蚀和冲走。

测试你的雨水花园

土壤改良前的最后一步是确保雨水花园能够适当地填满、溢出和排放雨水。

☐ 添加堆肥或做了其他修改后，是否还有空间容纳你在雨水花园设计中计算出的蓄水容量？请参阅设计说明，了解修改后土壤的深度，并规划7.5cm的覆盖层。

☐ 雨水能从进水管自由地流到出水点吗？

☐ 除了你设计允许雨水溢出的地方，护堤的高度是多少？出水口应至少比入水口管或洼地低5cm。用普通的水平仪、激光水平仪或水位仪检查高程，必要时调整出水口或护堤的高度。

☐ 入水口和出水口是否被河流岩石、鹅卵石、碎砖或混凝土所包围，而免受土壤侵蚀？在整个系统中，特别是在雨水下落或快速流动的任何地方，添加鹅卵石或石板——在雨水链下、进水口下或更陡的斜坡上。

现在是进行雨水流量测试的好时机。除非已经下雨了，否则就在水龙头处连接一根软管，打开水龙头让水

顺着软管或软管下面的水渠流入雨水花园。改变软管压力以模拟小雨和倾盆大雨的速度，然后观察水是如何流动的。有什么地方能把泥土冲走吗？水是否均匀地分布在盆底？一旦盆地满了，水是否会在设计的溢流点溢出，而不回流到进水管或洼地？如有必要，调整出水口高度或添加更多的石头。

土壤改良的注意事项

　　如果你的土壤排水良好，你所需要做的就是添加7.5cm的堆肥，并将其混合到盆地顶部15cm的土壤中。如果你的土壤排水速度很慢，比如每小时少于1.3cm，如果你还想渗透屋顶上所有的雨水，你需要采取进一步的措施。

　　雨水花园是目前还处于相当前沿的景观构筑物，这意味着对于困难或不发达地区的最佳雨水花园策略还没有明确的共识。与食用型园林和观赏型园林一样，最好的雨水花园是场地的特殊性和主观性。例如，雨水花园要同时考虑到雨水渗透功能。根据俄勒冈雨水花园指南，在疟疾肆虐的污水处理厂和西尼罗河病毒爆发的年代，当土壤每小时排水量小于1.3cm时，建议挖掘特大型水池，并用沙土填充防止病菌传播。

　　市政当局担心排水缓慢的雨水花

园会造成蚊子大量繁殖，因此在排水方面他们更加谨慎和重视。但是，用沙土填满盆地并不是防止雨水花园变成疟疾沼泽的唯一方法。

当布拉德·兰开斯特移走他在亚利桑那州图森市家里的车道，取而代之转换成一个收集雨水径流的盆地时，碱性的沙漠土壤几乎没有任何排水能力。在第一场季风降雨之后，这个盆地花了近12个小时排水。但当他在盆地里种植了耐盐的灌木（一种耐盐碱和沙漠化土壤的灌木）时，排水系统得到了显著的改善。当第二个夏天季风降雨再次来临时，盆地里的雨水很快就被填满了，但是竟然不到2小时就被排放一空。经验就是这样的事实，雨水花园是活生生的建筑物，一旦植物根系在土壤中扎下了数千条通道，即使是最紧密的黏土也能很好地排水，还能避免蚊虫繁殖的问题，并在连续多日的暴风雨期间，捕获更多的雨水。

如果你的土壤持续数周无法很好地排水怎么办？首先，确保你的雨水花园距离任何建筑地基都至少3m远。否则的话，你的建筑可能就面临因水位高而带来的湿度大等问题，如果你不想让情况更糟糕的话，还要确保你的雨水花园有一个很好的溢流雨水口，如果必要的话它可以通向街道或下水道。

在这种情况下，你可以把你的花园想象成一个临时的池塘或春天的池塘，在季节性降雨湿润的草原上，春天的池塘曾经很常见，但在雨季它就会被填满，然后在夏季炎热时慢慢蒸发，最后变得干燥。这种"春天的池塘"正受到广泛的关注和被开发，所以如果你生活在这样的地区和气候条件下，你应考虑将其融入景观中：挖掘一个超大的盆地，并混入7.5cm的堆肥，然后，种植能够长时间适应在水中生长的植物，如莎草和越橘。如果池塘一旦持续潮湿几周，蜻蜓就自觉地会找上门来，它们的幼虫可以捕食蚊子的幼虫。你也可以建造一个适合蝙蝠或燕子居住的窝，来鼓励这些吃蚊子的益鸟在此长期定居下来。

或者你可以遵循普吉特湾和俄勒冈雨水指南的建议，把你的雨水花园想象成一处沼泽地，一个偶尔有积水的潮湿区域。挖45—60cm深的盆地，并用堆肥和沙土（或浮石、沙子或其他当地常用的排水材料）等能快速排水的混合物填充。刚下完雨的时候，尽管雨水也会充满盆地，但雨过天晴后，雨水会留在沙层的下面。在盆地较深的区域种植能在潮湿环境中生长的植物，如莎草和香蒲等。

俄勒冈州园林设计师阿尔弗雷德·丁斯代尔有着十余年的雨水花园设计经验，他对处理排水非常缓慢的土壤有着不同的、丰富的策略。他指出，充满沙土的雨水花园是以富含有机物的酸性土壤为模型的（例如林地沼泽）。问题是穿过雨水花园的雨水径流是快速流动的，而不是像在自然沼泽中的雨水那样缓慢流动的。因为沙质土壤很容易在风暴时失水变干，这时促进沼泽土壤排水的土壤微生物就无法存活。黏土和沙土之间的过渡，实际上可以随着时间的推移降低雨水的渗透率。

在这种情况下，丁斯代尔建议让你的雨水花园变得更大，但深度不超过45cm。把盆底的土壤弄得尽量疏松，拌入7.5cm的堆肥。如果雨水停留的时间比你预想的要长，那么降低溢流雨水口，再追加一处盆地或是把一些雨水排到街道上。

丁斯代尔和其他波特兰的园林设计师在用鹅卵石或碎石填充的大型盆地上建造了雨水花园，这是在非常紧实的土壤中所能采取的最后手段。这些盆地被称为干井，积水很快，雨水储存在大块岩石之间的空间中。碎砾石自上而下填充在岩石间，下面几层砾石的尺寸逐渐减小，使雨水花园的土壤不会向下移动，并填满岩石之间的蓄水空间。植物生长在一层22.5—30cm的土壤上。南卡罗来纳州的雨水花园专家萨姆·吉尔平在一些分布黏土的地方使用干井。在查尔斯顿周围的沼泽地里，土壤大多是沙质的，仅在古老的漫滩上有小的黏土颗粒。吉尔平有时会通过黏土层挖掘干井进入砂层，雨水在该层渗入得很快。

收尾工作：覆盖物和汀步石

覆盖物对任何雨水花园都很有益处。它能抑制杂草丛生，遮蔽土壤和给土壤降温，并能减少土壤水分的蒸发，还有利于蠕虫和其他有益小动物的生长。然而，对于一处雨水花园来说，覆盖物是必不可少的材料。没有它，表层土壤就会干涸，形成一层坚硬的防水外壳。有了覆盖物的保护，真菌和栖息在土壤中的小生物就可以在土壤中挖洞，为雨水渗入开辟道路，否则它们在灼热的夏日阳光下会枯萎死亡。

你可以用任何有机材料——硬纸板、树叶、稻草、咖啡渣——甚至岩石来做覆盖物。大多数雨水花园的园丁们喜欢木屑、粗堆肥或光滑的河流岩石。木屑分解缓慢，通常不需要人为管理，但当雨后花园被洪水淹没时，它们往往会漂浮起来造成一定的麻烦。山核桃外壳是雪松松针或树皮状覆盖物的一种美丽且可持续的替代品，用作木屑上的薄层，使其外观更整洁美观。堆肥密度更高，但通常比木屑更黑，在阳光下会变得很热。河流岩石显然不可能向土壤中添加有机物，但它可以阻拦水分蒸发，而且，露水在夜间凝结在石头上，清晨就会滴落在土壤中。岩石在阳光下也会升温，增加了水分的蒸发速度，使雨水花园中的雨水消失得更快。最终，任何覆盖物都会起到积极的作用。按照你喜欢的材料，选择便宜或能免费得到的覆盖物。

铺上7.5—15cm厚的覆盖物。但是，不要将覆盖物直接铺到果树或多年生植物的根部，因为覆盖物会在根际附近截留水分，导致这些植物的根部腐烂。如果有疑问，留下0.3m高的无覆盖空间给多年生的木本植物的根系周围。

还要考虑雨水花园现场的一些细节。诸如你要怎么穿过雨水花园，到后面去种西红柿呢？你怎么进到雨水花园去除草？你想创造一个小动物在十字路口穿梭的效果吗？你可以在一条由河岩构成的让雨水自由流过的小路上穿过雨水花园，或者你也可以添加一些足够高的大型汀步石，在雨水花园充满了雨水的时候，它们依然可以露出水面，并且这些巨大的石头也可以制造出有趣的视觉效果。

雨水花园施工检查项列表

☐ 保证盆地底部是水平的；

☐ 确定侧面坡度约为60%；

☐ 在土壤改良前，用挖掘叉在盆地两侧和底部挖洞，以改善土壤的渗透性；

☐ 保证护堤是水平的；

☐ 出水口低于进水口和护堤上的其他点；

☐ 入水口和出水口采用岩石或类似材料进行保护，以防土壤侵蚀；

☐ 雨水通过输送系统流入雨水花园（如果预计不会下雨，请用软管模拟降雨检查）；

☐ 保证整个盆地和护堤都用堆肥进行了改良，然后进行了覆盖。

总结

重塑景观以收获雨水，这不是一件容易的事情。但是一旦你的雨水花园恢复生机，它就会有很多回报给你。在下一章中，我们将解释如何选择和种植草、灌木、应急植物和花卉，它们一定会把你充满覆盖物的盆地变成美丽的、低维护成本的花园。植物的根系会伸展到土壤中，容纳有益的真菌，一旦它们死亡并分解，就会为雨水创造充满堆肥的通道。蠕虫和昆虫也会钻入盆地下面肥沃湿润的土壤中，在那里形成更多的裂缝和孔洞，来帮助雨水充分渗入土壤中。随着季节的变化和植物的成长，请注意观察盆地充满和溢出雨水的频率，你可能会发现，有些变化极具戏剧性。

当洼地里充满了雨水的时候，这段原木不仅
是小动物的桥梁，也是蝾螈凉爽的避难所

第四章

雨水花园的种植设计

做好种植的准备工作

在雨水花园中进行种植：你已经熟悉了庭院周围地块的轮廓，测量过你的屋顶和降雨量，用来挖掘土壤的肌肉群也经过了热身。对于所有园丁来说，种植工作既熟悉又令人开心。对于那些种植雨水花园的人们来说，从覆盖的洼地到开花的绿洲的转变，不仅充满戏剧性，更令人欢欣鼓舞。再回到规划阶段，你开始对自然栖息地的森林、草地、河岸或草原盆地进行评估，想让你的雨水花园模仿这些森林、草地、河岸或草原盆地。你可能已经草拟了一份在当地雨水花园里能够繁衍生息的植物清单，或者在当地人行道边上的自然洼地里观察到的植物清单。如果你还没有备好上述这些内容，赶紧查找当地的野生植物指南一类的内容，从自然栖息地寻找合适的植物，并列出一个可以在雨水花园里生长的植物清单，以此来混合一些喜水湿的植物、观赏草和一些灌木。

在本章中，我们将调查构成雨水花园园丁的植物调色板的许多应急植物：诸如观赏草、花卉、灌木和树木等，并讨论在雨水花园中种植它们的地点。我们还将提到一些特别适合各种气候下种植的雨水花园植物，并讨论如何以及何时进行种植。我们提到在特定地区表现良好的品种和栽培品种，但同一属的其他品种也可能是很好的候选者。请咨询当地苗圃以获取合理的建议。

雨水花园有三个种植区：花园中心、花园里的斜坡和护堤的边缘。

▶ 花园中心是雨水花园中最潮湿的区域：该种植区可能会淹没长达48小时，并且比其他任何区域保持湿润的时间更长。你可以把这个区域看作是季节性湿地，种植在雨水花园中心的植物必须能耐水湿，也能忍受暴风雨之间的干旱条件，所以真正的沼泽植物在这里通常无法生存，一些植物新品种、蕨类植物和喜水湿的本地灌木在花园中心生长良好。

▶ 斜坡边缘会形成短暂积水，但通常都不到24小时。对于该区域，选择既能够耐受潮湿土壤，但在旱季又不需要太多雨水的植物就可以，例如一些当地的落叶灌木、一部分蕨类和一些观赏草等。

▶ 护坡区域和雨水花园边缘一般不会洪水泛滥：这里是最干燥和最好的排水区域，但该区域内的植物根系仍然能伸展到保留在斜坡边上的湿润土壤里，这就是为什么河岸植物——那些沿着河岸生长的植物——在护堤上生长得很好。任何耐旱的多年生植物或自播种的一年生植物都可以在护堤上及护堤的边缘生长良好。

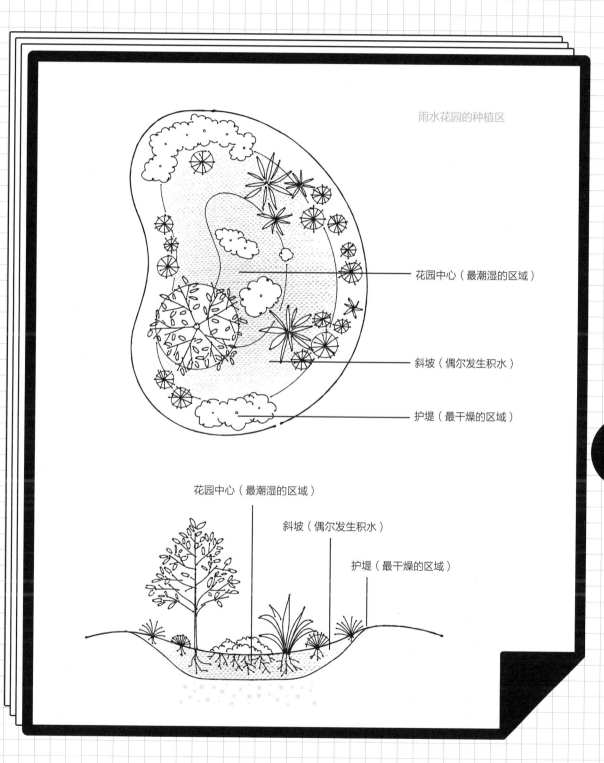

雨水花园的种植区

花园中心（最潮湿的区域）

斜坡（偶尔发生积水）

护堤（最干燥的区域）

花园中心（最潮湿的区域）

斜坡（偶尔发生积水）

护堤（最干燥的区域）

常见的雨水花园新品种资源

► 高丛薹草（Carex appressa）
► 野生薹草（Carex comosa）
► 腐生薹草（Carex obnupta）
► 丛生薹草（Carex stricta）
► 沼泽荸荠（Eleocharis palustris）
► 东方羊胡子草（Eriophorum angustifolium）
► 锐棱荸荠（Ficinia nodosa）
► 沙水韭（Isoetes histrix）
► 尖叶灯心草（Juncus acuminatus）
► 灯心草（Juncus effusus）
► 黄花灯心草（Juncus flavidus）
► 托氏灯心草（Juncus torreyi）
► 深绿藨草（Scirpus atrovirens）
► 小果藨草（Scirpus microcarpus）
► 软茎藨草（Scirpus validus）
► 小香蒲（Typha minima）

水中的绿岛

所谓的"绿岛"，是因为它们出现在池塘或溪流的水面上，像水中的岛屿一样的绿化岛，在沼泽地和季节性潮湿地区随处可见。查阅野生植物的野外指南，了解你所在地区的原生植物种类。

许多种类的香蒲（在英国通常被称为芦苇，其他地方则称为香蒲）可以在北半球的温带地区生存，在南美洲和亚洲的部分地区也可发现。因为它们会排出大量的水，所以它们是排水缓慢的雨水花园的最佳选择，但它们会在经历长时间干旱的雨水花园中枯萎死亡。需要注意的是，香蒲可以长到4.5m高，而且不需要仔细维护和修剪就可以形成景观。对于小型的雨水花园来说，应考虑应用矮生的品种才好。

莎草通常是呈明亮的绿色的草本植物，虽然橙色的新西兰莎草（薹草属）是呈明亮的橙色。莎草是非常耐寒的种类，他们在温度达39℉（4℃）时依然能保持植株呈现绿色。

灯心草属植物的茎的横截面是圆形的，一般不到60cm高。值得注意的观赏品种包括灯心草（Juncus effusus），它的地上茎呈螺旋状生长，在非常潮湿的地区可以长到90cm。藨草属植物（Scirpus）可以长到大约120cm高，有整齐的尖尖的顶端，菰沼生藨草（Scirpus lacustris ssp. tabernaemontani 'Zebrinus'）有引人注目的绿色和白色条纹相间的叶片，非常好看。

所有的新品种资源都要能忍受积水，在雨水花园中心最潮湿的地方应用效果最好。一些灯心草属植物（比如

案例分析

有汀步石的可食型的雨花水花园

戴夫 · 巴蒙

地点： 美国俄勒冈州波特兰

房主： 巴蒙家族

设计师： 大卫 · 巴蒙，提琴手有限责任公司

建设时间： 2008年春季

集水面积： 建筑前后各45m²

雨水花园面积： 7.5m²和5m²

年降雨量： 105cm

在俄勒冈州波特兰市的雨水花园里，当地哥伦比亚河流域中的玄武岩巨石，在花园里既是汀步石，也是与竖向生长的白杨树呼应的设计元素

雨水花园既可以是景观的焦点，也可以是一个有价值的雨水处理系统，在整个生长季节为土壤和植物提供水分。因为我是一名景观设计师，我想让雨水花园既展示雨水花园的美学价值，同时也具备收集雨水的实用潜力。每个雨

121

灯心草和尖叶灯心草）可以种植在雨水花园相对干燥的地方。一些新品种资源以蔓生的形式生长，所以这些新品种资源在雨水花园里将大有作为。灯心草和薹草比香蒲和蘸草更耐旱，它们在干旱时期会变成棕色，然后在雨季再重新萌芽。沿着山坡和河湾附近种植薹草和灯心草——它们会在潮湿的土壤中茁壮生长，并防止水土流失。

观赏草

丛生禾草是一种多年生的草本植物，通常以分散的簇状或丛状生长，而不像普通草坪那样生长得如同地毯一般。它们在阳光明媚、雨水充足的雨水花园里茁壮成长，而且颜色都很艳丽。它们的纤维根在亲水的过程中可以长到6m深，并极大改善渗透情况。因为丛生禾草是多年生草本植物，每一季节它们的根系都会深入土壤。当它们的根系枯萎分解后，它们会留下小的、充满堆肥的通道，以促进空气和水流入土壤。经过几个生长季节，土壤质地和有机质均得到了显著的改善，因此即使是压实的黏性土壤，也能支持多数的植物生长。

如果你的雨水花园模仿了大草原或草地，那么各种草种可能会主宰花园中的中等干燥的区域（斜坡和护堤）。北美、澳大利亚和新西兰有数百种丛生禾草（也被称为生草丛）品种，但许多本地品种却濒临灭绝，因为农业的快速发展已经取代了草原和草原生态系统。种植本地草种是保护濒危品种的一种很好的方法，联系当地的植物协会以获取适

常见的雨水花园的禾草资源

- ▶ 大须芒草（*Andropogon gerardii*）
- ▶ 紫色三芒草（*Aristida purpurea*）
- ▶ 拂子茅（*Calamagrostis canadensis*）
- ▶ 小盼草（*Chasmanthium latifolium*）
- ▶ 发草（*Deschampsia caespitosa*）
- ▶ 草地大麦草（*Hordeum secalinum*）
- ▶ 多须草（*Lomandra longifolia*）
- ▶ 芒（*Miscanthus sinensis*）
- ▶ 酸沼草（*Molinia caerulea*）
- ▶ 粉黛乱子草（*Muhlenbergia capillaris*）
- ▶ 柳枝稷（*Panicum virgatum*）
- ▶ 狼尾草（*Pennisetum alopecuroides*）
- ▶ 细茎针茅（*Stipa tenacissima*）

水花园都从我的一半的屋顶接收雨水，花园大小可以渗透5cm厚的暴雨中降落的雨水。

我先安装了前面的雨水花园，我用排水管把雨水从距离建筑2.4m远的地方引到一块大石头旁边的一个小洼地里。大多数时候，这个小洼地容纳了所有的雨水径流。在大雨中，雨水从小洼地里溢出，流经一个小沼泽地，进入主雨水花园。我为这个空间选择了许多可食用的植物如：越橘（Vaccinium vitisidaea）、蔓越莓（Vaccinium macrocarpon）和卡玛百合（Camassia），将它们种植在雨水花园的底部，在一棵药用的珀希鼠李（Rhamnus purshiana）下。我用乔木的针叶和泥炭苔藓来改良土壤。在俄勒冈州干燥的夏天，为了让喜水的越橘长得更好，我把雪松的干茎（在朋友的便携式锯木厂完成的切割）埋在地下，腐烂的木头会像海绵一样起到吸水保水的作用。我在坡上种植了荚果蕨（Matteuccia struthiopteris）、蓝莓（Vaccinium ovatum）和白珠树属植物（Gaultheria），在坡的边缘种了柿子树（Diospyros kaki var. Fuyu）。

对于雨水花园，我首先勾画了一个粗略的草图，但或多或少是按比例绘制的，展示了硬质景观和软质的植物景观。接下来，我在我想达到的最终深度下挖出15cm的泥土，泥土总共45cm厚。我没有做任何渗透测试，因为我已经熟悉附近的土壤，这是一处古老的砾石漫滩，排水系统就如同一个筛子般，从盆地溢出的雨水沿着一个被植被覆盖的缓坡流下。

在挖到合适的坡度后，我放置了几块在当地采石场购买的哥伦比亚河玄武岩小巨石，离我家最近的采石场有30分钟的路程。当盆地充满雨水时，平顶的巨石变成了汀步石。哥伦比亚河玄武岩是冷却成的灰色柱状的熔岩，正因为它的自然形态和熟练的石匠之手，石头成了一种令人惊奇的永恒的景观材料。我经常在雨水花园中使用玄武岩，使空间看起来更有趣，同时可以建造汀步石和小型拦水坝来减缓水流。

院落中朝南的雨水花园离我家仅有3m远，花园里有五棵美洲山杨（Populus tremuloides）树。美洲山杨树的根系耐潮湿，树冠呈柱状，直立向上生长，在夏天能为我们的房子遮阳，且冬天落叶时能让阳光照射进来。我种了一种低矮的截嘴薹草（Carex caryophyllea 'The Beatles'）、观赏葱（Allium cernuum）、紫锥菊（Echinacea purpurea）、卡玛百合（Camassia）、刺羽耳蕨（Polystichum munitum）、穗乌毛蕨（Blechnum spicant）和北美白珠树（Gaultheria shallon）。

我安装了灌溉系统来帮助植物生长，但计划在落成后的第二年停止浇水。后续的几年里，我想安装一个中水系统和水箱来储存更多的雨水或中水。同时，我的两个雨水花园每年能够获得从城市雨水管道中排出的90850L的雨水，这是我冒险集水的一个很好的开始。

我个人认为，我们都可以在不同程度上促进世界的变化。从屋顶收集雨水并将其引导渗入土壤中，这是朝着社会、环境、经济和政治变革迈出的积极一步。这种简单的行为不需要任何强烈的信念或倾向。所有人都能理解，雨水应该进入地下，帮助我们的植物生长。

普通雨水花园中常见的多年生草本植物

- 蓍（*Achillea millefolium*）
- 沼泽乳草（*Asclepias incarnata*）
- 新英格兰紫菀（*Aster novae-angliae*）
- 蓝草百合（*Caesia calliantha*）
- 柔毛白头翁（*Chrys-ocephalum apiculatum*）
- 山菅兰（*Dianella*）
- 西方荷包牡丹（*Dicentra formosa*）
- 紫锥菊（*Echinacea purpurea*）
- 黄旗鸢尾（鸢尾）（*Iris pseudacorus*）
- 狭叶薰衣草（*Lavandula angustifolia*）
- 蛇鞭菊（*Liatris pycnostachya*）
- 蓝花半边莲（*Lobelia siphilitica*）
- 千屈菜（*Lythrum salicari*）
- 拳参（*Persicaria bistorta*）
- 黑心金光菊（*Rudbeckia hirta*）
- 一枝黄花（*Solidago rigida*）
- 花柱草（*Stylidium graminifolium*）
- 丛生蓝铃花（*Wahlenbergia communis*）

合当地的种子或幼苗。

大多数草均需要充足的阳光，但有些种类却可以生长在部分或全荫下，其中包括小盼草（*Chasmanthium latifolium*），它有漂亮的悬垂的风铃状的花序；还有酸沼草（*Molinia caerulea*），它有斑驳的绿色和白色相间的叶子。原产于平原地区的大须芒草（*Andropogon gerardii*），可以长到2.4m高，非常抗旱，秋季植株变成黄褐色。植物育种学家们已经培育出不同高度和不同开花期的柳枝稷（*Panicum*）、狼尾草（*Pennisetum alopecuroides*）和芒（*Miscanthus sinensis*）。

所有的丛生禾草都耐旱、喜光。把它们种在雨水花园的斜坡或护堤上，在那里它们可以防止水土流失（在干旱地区，在盆地底部的潮湿地带可以种植其他草种）。在雨水花园的边缘用草作为点缀，来模仿自然池塘。发草（*Deschampsia caespitosa*）和柳枝稷（*Panicum*）能抵御洪水，并能控制流入的雨水对土壤的侵蚀。

多年生草本植物

多年生草本植物会一季接着一季地生长和开花。冬天，地表上植株会枯萎，但根系会在土壤或雪下存活，等待春天的温暖来临，它们会再次生长和绽放。它们的花期能持续几周到几个月的时间，所以选择一种或几种多年生草本植物进行混合种植，可以形成从春天到秋天一直开花和呈现各种颜色的效果。多年生草本植物是木本的灌木、树木和观赏草类很好的补充，它们在木本植物

右页图：
丛生蓝铃花（*Wahlenbergia communis*）在雨水花园里的种植

124

普通的雨水花园里的蕨类植物

▶ 大皮蕨Giant leather fern
　（*Acrostichum danaeifolium*）

▶ 铁线蕨（*Adiantum capillus-veneris*）

▶ 铁角蕨（*Asplenium scolopendrium*）

▶ 羊蹄盖蕨（*Athyrium filix-femina*）

▶ 鱼骨水蕨（*Blechnum nudum*）

▶ 扇羽阴地蕨（*Botrychium lunaria*）

▶ 欧洲鳞毛蕨（*Dryopteris filix-mas*）

▶ 美国球子蕨（*Onoclea sensibilis*）

▶ 桂皮紫萁（*Osmunda cinnamomea*）

▶ 欧紫萁（*Osmunda regalis*）

▶ 加州凤尾蕨（*Polypodium californicum*）

▶ 剑齿蕨（*Polystichum munitum*）

▶ 沼泽蕨（*Thelypteris palustris*）

▶ 弗吉尼亚狗脊蕨（*Woodwardia virginica*）

不开花的季节可以增加质感变化、多样性和颜色的变化。开花的多年生草本植物种类繁多，足以找到适合雨水花园任何地点的植物。多年生草本植物需要良好的排水条件，所以多把它们种植在护堤上或雨水花园盆地的边缘，否则你就要拥有或者人为创造排水良好的土壤。

蕨类植物

　　由于蕨类植物是用孢子而不是种子繁殖的，所以在产孢季节它们需要非常潮湿的环境。许多蕨类植物在一年的其他时间段都可以忍受干燥的环境，而且大多数蕨类植物在阴凉处生长良好。蕨类植物的大小范围从小型的喜欢潮湿的土壤和浓密的阴影的铁线蕨属植物（*Adiantum*），到高耸的在针叶林中均能茁壮成长，可以达到1.8m的高度的剑齿蕨（*Polystichum munitum*）。原产于你所在的生态区域的蕨类植物最有可能在旱季存活下来。如果你想用更喜欢潮湿的蕨类植物做实验，就把它们种植在你的雨水花园附近吧。在雨水花园的任何区域都可以种植蕨类植物，但要确保它们在一天的大部分时间内都处于阴凉处。

地被植物

　　地被植物是低矮的多年生植物，无论是木本还是草本地被资源，它们以低矮、蔓延的形式生长。它们中有些是生长缓慢的常绿灌木品种，如匍匐的俄勒冈州葡萄（*Mahonia repens*）和洋杨梅（*Arbutus unedo* 'Compacta'）。其他的种类或由引种者传播而来，如野生草莓（*Fragaria*）。为你的雨水花园选择一种或最多两种地被植物，只种植两到三株植物，但是它们很快就会扩散，填补大型植物之间的空隙。

灌木种类

　　落叶和常绿灌木成为花园中更大的焦点，并成功吸引了人们的视线和兴趣。它们提供了冠层错落的结构和丰

常见的雨水花园草种，包括蓝色燕麦草（*Helictotrichon sempervirens*）、墨西哥羽毛草（*Nassella tenuissima*）和发草（*Deschampsia caespitosa*）

127

常见的雨水花园中的地被植物

▶ 菖蒲（*Acorus calamus*）
▶ 西细辛（*Asarum caudatum*）
▶ 号角藤（*Bignonia capreolata*）
▶ 春薹草（*Carex caryophyllaea*）
▶ 维吉尼亚铁线莲（*Clematis virginiana*）
▶ 虹美石竹（*Dianthus gratianopolitanus*）
▶ 智利草莓（*Fragaria chiloensis*）
▶ 卵叶金弯花（*Goodenia ovata*）

▶ 铺地珊瑚豆（*Kennedia prostrata*）
▶ 俄勒冈州卡斯基德葡萄（*Mahonia nervosa*）
▶ 桃金娘科植物（*Myoporum parvifolium*）
▶ 粉色西番莲（*Passiflora incarnata*）
▶ 刻叶过江藤（*Phyla incisa*）
▶ 蓝色沼泽草（*Sesleria caerulea*）
▶ 草莓属（*Vaccinium crassifolium*）

富的颜色——春天或秋天开放的花朵，在整个生长季节会变色的叶片，或者冬季色彩鲜艳的各种浆果。当你前瞻性地沿着部分雨水花园的边界种植绿篱时，它们不仅可以充当防风林，或成为障景屏蔽花园的一些隐私。防风林能避免位于顺风方向的植物过度蒸发干燥，并为小动物们提供保护栖息地，以改善蝴蝶和蜜蜂的授粉环境。低矮灌木沿着水平方向的蔓延生长有助于稳定斜坡和减少土壤侵蚀。

沿溪流或湖岸生长的落叶灌木是雨水花园盆地和斜坡绿化的最理想素材。任何观赏性灌木都能生长在雨水花园的护堤上，特别是山茱萸属（*Cornus*）、山梅花属（*Philadelphus*）和蓝莓（*Vaccinium ovatum*）还能忍受偶尔的水淹和积水。选择灌木时一定要记住它们成熟时达到的高度，它们生长得很快，可以抑制或遮挡雨水花园里的其他植物，需要额外的工作来修剪或移植它们。

常绿灌木为雨水花园提供一年四季的绿色叶片，但也能开花 [如映山红、杜鹃花（*Rhododendron*）]，或结出诱人的浆果 [如美丽的草莓，紫珠（*Callicarpa*）等]。许多常绿灌木需要排水良好的土壤，但有些灌木，如香柏（*Thuja occidentalis*），完全可以忍受更湿润的土壤。

除了大型的雨水花园外，所有的雨水花园都不能种植完全长到成熟高度的灌木或乔木，无论是常绿植物还是落叶植物。植物育种专家们已培育出许多矮生灌木品种，但矮生灌木的高度也是相对的。例如，根据美国针叶树协会的研究，某一品种的矮生灌木每年可以长15cm，10年后就可以长到1.8m高。因此在种植前一定要确定你所选植被种类成熟时的高度。

树木种类

园景树的树形、花朵或颜色都会特别引人注目。锡特卡矮桤木（*Alnus viridis* ssp. *sinuata*）就是这样一类树木，它可以在雨水花园的任何地方生长。它有着细长而优雅的树形，有着引人注目的深色树皮，还

普通的雨水花园中的灌木种类：

▶ 袋鼠爪属（*Anigozanthos*）
▶ 山茱萸属（*Cornus*）
▶ 穿叶婆婆纳（*Derwentia perfoliata*）
▶ 变色绣珠梅（*Holodiscus discolor*）
▶ 冬青属（*Ilex*）
▶ 弗吉尼亚鼠刺（*Itea virginica*）
▶ 鳞叶菊（*Leucophyta browni*）
▶ 北美山胡椒（*Lindera benzoin*）
▶ 杨梅属（*Myrica*）
▶ 稻花（*Pimelea humilis*）
▶ 映山红Azalea（*Rhododendron*）
▶ 杜鹃花Rhododendron（*Rhododendron*）
▶ 漆树属（*Rhus*）
▶ 醋栗属（*Ribes*）
▶ 树莓（*Rubus parviflorus*）
▶ 欧丁香（*Syringa vulgaris*）

128

右页图：
各种品种的草莓是
雨水花园里最有效
的一种地被植物

可以长到4.5m高。日本枫树更是枝条弯曲，秋叶艳丽，可以在雨水花园的护堤上茁壮成长。藤槭（*Acer circinatum*），原产于北美西部，生长于热带雨林分布的任何区域，它的叶子在漫射光照射的地方会变成艳丽的红色，而在阴凉处则会变成美丽的黄色。花楸（*Sorbus*）能长到4m高，它有着一簇簇鲜红色的果实，并且整个冬天都宿存在树上，这是鸟儿最喜欢的食物了，把它种植在护堤或斜坡上也是最好不过的选择。柳树值得我们特别注意，它们在雨水花园里生长得最为茁壮，有数百种不同形状和大小的柳树品种可供你选择。有些柳树可以长得很高大，但所有的柳树都可以定期被修剪，柳树是一种极其耐修剪、甚至重度修剪的植物。修剪柳树可以把树木的冠层短截或者全部截掉，仅留下主干，然后柳树都可以重新发芽抽枝和生长。柳枝柔软，非常适合做篮筐，也适合做棚架、花园家具或有趣的儿童游乐设施等。

你可以种植一些喜水湿的树木给雨水花园遮阳，或者作为雨水花园的背景，再或者，在某些情况下，把你的雨水花园建在现有的树林下或树林内。只要树木根系周围的土壤保持干燥的条件，其实大多数树木都能承受额外的水分。然而，需要注意的是，一些樱桃和它们的野生种类在被水淹时，根部会释放出一种毒素，这种毒素可以杀死临近的其他植物。而如果根际环境潮湿，鳄梨树就会死亡。

常见的雨水花园中的树木种类

- 藤槭（*Acer circinatum*）
- 鸡爪槭（*Acer palmatum*）
- 锡特卡矮桤木（*Alnus viridis* **ssp.** *sinuata*）
- 河桦（*Betula nigra*）
- 美国白蜡（*Fraxinus americana*）
- 石南叶百千层（*Melaleuca ericifolia*）
- 沙漠铁木（*Olneya tesota*）
- 砸果风箱果（*Physocarpus capitatus*）
- 箭杆杨（*Populus nigra*）
- 绒毛牧豆树（*Prosopis velutina*）
- 柳树属（*Salix*）
- 花楸属（*Sorbus*）

131

植物种植设计

雨水花园的设计涉及方方面面：不仅需要考虑视觉的美学效果，还要考虑各种植物的需水要求，更要考虑为小动物们创建有价值的栖息地。美学艺术是个人的喜好问题。选择吸引你的颜色和质感，或者参考若干本园林设计书籍中的一本，用来寻找设计灵感。请确保你的植物清单中包括能够承受潮湿和干燥条件的植物种类，并且还要具有植物新品种、地被植物、观赏草和多年生草本植物，如果你

左页图：
在这面种满植物的砌石挡土墙内，隐藏着两个雨水花园和多个等高洼地

如何避免溺死树木幼苗

雨水花园中的植物生长，需要良好的排水条件，直到它们建立起一个强大的根系，直到这个时期，它们才可以忍受长期的积水或水淹。在排水缓慢的土壤中，您可能希望在第一个雨季期间降低排水口，从而降低盆地的深度，以此来减少植物被水淹没的时间。然而一旦植物旺盛生长后，就可以把出水口提升到设计高度了。

喜欢，还可以加入蕨类、灌木或乔木种类。

五颜六色的花朵和叶片使花园变得明亮艳丽，季节更替明显。有的园丁选择一种或两种颜色来作为主体色彩，然后根据这种主色调，选择落叶灌木和多年生开花植物来配合主色调。一般来说，在传统的色环上，位于相对位置的一对颜色（互补色），可以很好地互相对比和突出，例如黄色和紫色，或橙色和蓝色等。白色的花朵和彩色的叶片显得格外醒目，能有效地照亮阴暗的空间。包含大量白色系的雨水花园有时被浪漫地称为"月亮花园"，因为它们看起来能够在月光下闪闪发光。

当雨水从一个盆地流到另一个盆地，或者沿着布满光滑河石的渠道流下来的时候，雨水花园就会变得生机勃勃。当你设计植物景观的时候，想想植物应该如何配合流动的雨水或静止的盆地。考虑在盆地边缘种植一棵较大的灌木或乔木，柳树、山茱萸、杜鹃花、桤木、风箱果、日本枫树或桑树都是这个位置的最好选择。在比较阴凉的雨水花园中，把蕨类植物种植在大块岩石的底部，或在岩石之间的缝隙中种植苔藓类植物——在潮湿的环境中，苔藓会蔓延到岩石上。在阳光相对充足的雨水花园中，使用高大的、丛生的莎草和鸢尾来衬托大块岩石的冷硬感。

在雨水花园的多岩石区域，杂草丛生可能是一个更大的问题。最好不要使用杂草屏障设施来抑制它们，因为这些设施最终会被沉积物堵塞，并阻碍了雨水向其下面的土壤的渗透。相反，建造雨水花园之初，将几层硬纸板铺在土壤上，弄湿纸板，并在顶部岩石层之下放置一层10cm厚的木质覆盖物，也能有效防止杂草丛生。如果你的设计使用了许多石头，不能连续种植植物，就在每个分散的植物周围掺入堆肥，而不是均匀地在盆地里撒布堆肥。

在设计植物景观时，首先要考虑它们的最终尺寸、形状以及颜色。景观设计师需展开多角度思考：要考虑植物的垂直层次分布、还要考虑植物的体量、植物的观赏角度等等。例如，如果你的雨花园沿着绿篱延伸，并沿着绿篱种植灌木，在灌木前面种上高草和浓密的多年生植物，最后在最前面设计地被植物。如果你在雨水花园里种植了一棵大树（或者把你的雨水花园布置在一棵现有的大乔木附近），应考虑在这棵大树附近种植灌木，而在更远的地方种植些低矮的植物来配合。

确保每种植物都能得到适量的雨水的浇灌。在潮湿的环境下，可以在盆地底部的潮湿区域种植大量的植物新品种。在干燥的环境下，在潮湿区域种植禾本科植物和喜水湿的多年生草本植物。许多灌木也能在潮湿的环境下生长，同时忍受短暂的干旱期。其中，柳

右页图：
雨水花园里长满了
多年生的草本植物

树是个特例：它们的生长始终需要恒定的湿度，所以不要把它们种植在排水良好的地方：比如排水良好的壤土上，或有地下排水沟的雨水花园里。

观赏草和多年生草本植物在雨水花园的斜坡和护堤上生长的最好。大多数植物均可以生长在护堤上或临近雨水花园的位置，但不是全部植物。鳄梨对内涝就非常敏感，在雨水花园附近潮湿的土壤中极有可能发生根腐病。如果突然遭遇到更多的雨水冲击，敏感的柑橘和旱生的橡树可能会遭受损失，尽管通常情况下，只要它们的根系保持干燥状态，他们就能够存活。樱桃树可以生长在雨水花园附近，但不能生长在有积水的洼地里，因为当它们的根系被雨水淹没时，会释放出一种毒素，能杀死邻近生长的植物。

最后，在为你的雨水花园选择植物时，请一定考虑野生动物的栖息地。大多数禽类和小型哺乳动物都喜欢灌木所提供的浓密的庇护，在这里它们可以吃到昆虫、草籽、花蜜和沙粒，或者地被、乔木和灌木的果实。而蛇和蜥蜴喜欢在阳光充足的岩石上晒太阳，那些两栖动物则躲在阴凉的圆木下潮湿的土壤里休憩。如果你想把野生动物吸引到你的雨水花园里，你选择的植物一定是能够为特定的鸟类、哺乳动物、两栖动物、爬行动物或昆虫提供食物和庇护的种类。然后进行植物景观设计，保证这些植物提供有效的阴凉环境，开阔的空间，充足的阳光和足够的阴凉。

上图：
薹 草（*Carex obnupta*）和道格拉斯绣线菊（*Spirea douglasii*）生长在泥泞的沼泽地区，在排水缓慢的雨水花园里茁壮生长

右页图：
孩子们小心地把一棵地被植物的幼苗栽植到雨水花园里

何时以及如何种植你的雨水花园

在凉爽的季节，有规律的降雨时期，是雨水花园种植的最佳时机。如果你在炎热的夏天种植，在植物最初的生长时间里，要经常浇水，以帮助植物应对炎热的威胁。在第一场大暴雨过后，注意你的雨水花园是如何排水的，如果雨水太多，可以暂时降低排水口。

一年中，种植雨水花园的最佳时间因气候不同而异：

▶ 在温和或寒冷的冬季气候中，初秋或至少初霜前的一个月或春季，是最佳种植时期。这将使植物有机会在地面结冰之前长出新的根系。在植物的根际周围加一层厚厚的覆盖物，使根部隔绝寒冷的空气，保护根系不被冻伤或冻死。

▶ 在热带和亚热带气候中，在飓风季节结束后，或在冬季或早春种植你的雨水花园。热带风暴带来的大雨会浸透土壤，导致新生根腐烂，所以要坚决避开这段时间。

▶ 在干燥的夏季气候中，在第一场秋雨之后的初秋，或在雨季结束之后的春天种植。如果植物吸收雨水达到饱和了，那么要考虑降低人工浇水的量。

种植雨水花园最好的一点是：任何人都能做其中的工作。邀请园丁朋友过来的时候，也让孩子和老人们参与进来。种植一处雨水花园和种植一个多年生的苗床其实没什么不同。挖一个大小合适的坑穴，轻轻地把植物从花盆里倾倒出来，然后把盘绕在一起的根系松开，将植物放在坑穴里，在不覆盖植物地上冠层的情况下填满土壤，并在植物根茎处的周围用力按压土壤，以排出任何遗留的空气。如果没有任何降雨，那还要给植物浇灌足够的水。

以下是一些种植技巧，推荐给大家：

▶ 当你种植灌木和乔木时，小心不要掩埋根茎或干基（根茎处或树干的膨胀部分，刚好在根部以上）。树木的根茎或干基周围的湿土会引发树干腐烂，从而导致树木死亡。

▶ 你可以直接把种子撒播在护堤和雨水花园的上坡，但把种子播种在花盆里，长成幼苗后效果更好。需要注意的是，如果降雨在种子生根之前来临，种子就会漂浮并扩散开来。

▶ 种植时，尽量避免将土壤压实。在一个很多人参与的雨水花园施工现场，做到这点可能会很困难。在现场安装一些废弃的人造板，做成临时的踏步或汀步，以分散大家的体重，并在完成种植后再用挖掘叉松土。

▶ 一些雨水花园的园丁喜欢在种植前覆盖挖掘好的土壤表面，而其他一些人则在新种植的植物周围进行覆盖。无论你喜欢哪种，一定要给你的雨水花园加一层7.5cm厚的覆盖物。

▶ 任何覆盖物都可以在你的雨水花园中使用，但是木屑和树叶会在盆地积满雨水时漂浮起来，当雨水排干时，它们又会附着在幼苗的植株上，造成许多麻烦。因此许多雨水花园的园丁建议使用密度更大的覆盖物，如山核桃壳或木质堆肥。当植物长大后，任何一种覆盖物都是合适的。

▶ 必要时用软管给新植的幼苗浇水，直到它们长大。

总结

一旦植物长大以后，它们将仅靠降雨维系生存，但在大多数气候条件下，幼苗需要人工补充水分。如果植物开始萎蔫，说明它们可能需要更多的水分。但是，如果雨水花园提供了大量的雨水，且土壤已经非常潮湿，这些植物可能会遭受水涝的危害，如果植物死亡，检查一下其根部是否有腐烂、发霉现象或有黏液泌出，这是过度浇水的迹象。如果是由于雨水过多，就应该及时降低雨水花园的出水口，直到植物长势良好。植物长大并适应了环境后，它们应该能够忍受短暂的水淹或积水，这时你可以提高出水口到其设计的高度了。在下一章中，我们将引导您了解典型的雨水花园的维护过程，并描述出现各种问题时应该如何解决。

种植工作表

仔细考虑现场评估和设计中所收集到的各种信息，这之后，请慎重选择你的雨水花园需要种植的植物种类。

1. 在一张绘图纸上，画出场地的基本形状并进行植物配植。标出雨水入口和出口，标记出雨水花园内低于雨水出口的区域（即斜坡的侧面和中心）。

2. 对所有阴影区域或部分阴影区域进行阴影标记并贴上标签。

3. 从网站评估表和设计工作表中得到以下信息：

雨水花园的目标或预想（可食用性、颜色和质地、野生动物栖息地）：_____

雨水花园的面积（m²）：_____

雨水花园最大深度（cm）：_____

估计的平均排水时间（小时或天）_____

4. 收集你的植物清单，并在表中注明它们的阳光和排水要求，成熟时的高度和颜色。

植物名称	植物类型*	阳光和阴影需求	土壤和排水需求	成熟高度	备注（颜色、可食用部分）

*草坪，多年生草本植物，蕨类，地被植物，灌木或乔木。

5. 打电话咨询当地苗圃，拜访当地的植物销售部，统计植物种类。

6. 从最终的植物列表中，将植物按雨水花园的不同区域（护堤、斜坡或中心）划分应用类型。

7. 在洼地内布置植物：你可以用切割成不同大小的纸环来表示不同的植物，把植物放在能满足它所需要的阳光和水分的地方。记住要给植物留出足够的生长空间，让它们能够良好生长。

雨水花园中有很多有益的昆虫，比如这种蜜蜂

第五章

雨水花园的维护

雨水花园的需求

雨水花园的维护工作少于草坪、菜园或装饰性的苗圃。如果你喜欢修剪工作，你会花很多时间修剪地上部分的枝条。你还需要注意雨水花园的各种基础设施——排水沟、落水管、洼地或埋管、入水口和出水口，以确保没有堵塞、断开或被侵蚀。当你对雨水花园进行养护时，要轻踩以避免压实土壤，尽量从护道边缘和外侧或台阶上开始作业。

没有必要给雨水花园施肥，是的，因为那样只会助长杂草生长。本地植物完全能适应当地土壤和气候条件，大多数雨水花园的植物品种也具有非常好的适应性。添加肥料只能鼓励非本地的植物生长，而不会帮助本地植物生长，这些养料会随着离开雨水花园的径流而流失。

第一年维护

第一年中，雨水花园所需要的维护最多，这期间多花点时间完成这些任务，将使长期维护变得更加容易。这些任务包括在干旱期除草、浇灌植物，以及防止运输系统的侵蚀、堵塞或溢流。特别重要的是，在前几场暴风雨中，观察你的雨水花园是如何被雨水填满和排放雨水的。大多数雨水花园建成初期都需要一些小的、必要的调整。如果雨水过小或太大，不要害怕升高或降低排水口位置或修改盆地的大小。如果植物面临了太多或太少的雨水，那么就把它移植到另一个适合生长的地方。

除草

除草是雨水花园最初一、两年内的主要任务。多年后的雨水花园很少需要或根本不需要除草，但植物幼苗无法与杂草竞争。在雨水花园里，当幼小的植物和本地植物有机会长出深根和填补空间之前，杂草将试图取代裸露的地面。在杂草落下种子之前，先把它们连根拔除。让你的花园覆盖至少7.5cm的木屑或粗堆肥，这将有效抑制杂草生长，使那些发芽的杂草更容易被拔出。你早期的努力会在未来几年得到很好的回报。

浇水

在第一年，规律地浇水可以帮助幼苗生长出健康的根系。一旦雨水花园里的植物成长起来，你就不必浇水了。第一年中，每周定期检查一次，观察植物是否有枯萎现象，土壤是否有水淹迹象。

你为你的雨水花园设计了溢流排水管，以最大限度地增加暴雨期间的雨水渗透。如果你用播种的方式种植植物，一旦雨水花园的这些植物长大成熟，它们可以忍受短暂的积水；但长期的积水会伤害幼苗，那么，降低出水口底部2.5cm或更多，以减少盆地的深度。在第一年之后（如果你从种子开始种植植物，可能需要两年），就可以把出水口的底部提升到最初的设计高度了。

季节性维护和年度维护

根据所在地的气候，您可能会经历两个、三个、四个或更多的季节。季节性维护工作包括每年可能需要做一次以上的工作，通常是在大雨前后。雨季前应检查排水沟、落水管、管道、雨水入口和出口是否堵塞，以确保雨水能自由畅通地流入雨水花园。雨季结束后，尽管植物和杂草都在旺盛生长，大雨也可能会冲走地表覆盖物或土壤，要对雨水花园进行相关的维护工作。

检查雨水运输系统

检查排水沟和落水管是否有碎屑堆积或堵塞。如果树叶堵塞了排水沟或落水管，考虑在排水沟上安装过滤装置。在暴雨期间观察雨水径流通过落水管、管道和洼地的情况，或使用软管确保水流仍然能自由流动。管道应尽量放在坚硬平整的表面上（如大块而平坦的石头或石板防溅板），以减少腐蚀。沟渠和洼地应清除杂草和其他碎片杂物。

检查进水口和出水口

在每个雨季前后，花一点时间检查你的雨水花园的入水口和出水口。寻找雨水径流的通道，如果你看到有任何沉积物堆积在通道内或侵蚀通道的迹象，一定要马上解决这些问题。清除掉所有被冲进雨水花园的沉积物，这样雨水就可以自由进出。如果你注意到通道被侵蚀，花点时间用岩石填充侵蚀点，以减少进一步的侵蚀。

检查护堤

检查你的雨水花园的边缘，特别是任何有护堤的区域，看看是否有侵蚀或沉降的迹象。添加土壤使护堤恢复到原来的高度。试着确定任何侵蚀的原因，并用鹅卵石或河流岩石加固侵蚀区域，防止再次侵蚀的发生。

添加覆盖物

覆盖物能使土壤保持湿润，这有助于雨水更快地渗透。当炙热的阳光晒干了裸露的土壤表面，未覆盖的区域就变成了一块硬地，而硬地大大减少了雨水的渗透。覆盖物还能保持植物根部的凉爽，减少侵蚀，抑制杂草生长等。

每年一次，在植物根际周围添加5—7.5cm的木质堆肥。堆肥有助于土壤保持水分，并为雨水花园里的植物提供营养。在雨水花园出水口下方，如使用树皮等轻质覆盖物时要小心，当雨水花园充满雨水的时候，这些轻质覆盖物会四处飘荡，造成混乱和麻烦，并且会妨碍幼苗的生长。树皮或木屑等轻质覆盖物可以用来覆盖护堤。

除草

第一年之后，希望只是偶尔除草。当雨水花园的植物长出深深的根时，杂草就会少一些。一旦长大的植物填满了雨水花园，它们就会把杂草也遮住了。如果您注意到还有杂草或裸露的土壤，请检查流入或流出雨水花园的雨水是否对土壤造成了侵蚀，如果是这样的话，加上河流岩石、覆盖物或更多的植物来保护土壤不受雨水的影响和侵蚀。

修剪

修剪工作的多少取决于你雨水花园的风格。喜欢正式而规整外观的园丁，通常会在秋季或冬季通过塑造造型和修剪枯枝来保持雨水花园的整洁。其他园丁可能更喜欢自然或野性的外观，选择放弃修剪，让植物长成浓密或修长的形状。修剪不会影响雨水花园的渗透功能，但会影响其作为栖息地的价值：鸣禽和其他小型野生动物喜欢躲在茂密的灌木丛中，因为修剪变得稀疏的雨水花园，对某些动物的吸引力也会随之降低。

修剪植物的枯枝落叶

整个冬季，将植物的枯枝和果序留在植株上过冬，为当地野生动物提供食物和庇护场所。当春天来临，新枝开始生长时，把过去生长季后枯死的枝条全部修剪去除。把修剪掉的枝条切碎，放到你雨水花园的木质覆盖物上，或者放到其他地方作为堆肥。

分株

随着植物的逐年生长，你很可能会看到：多年生草本植物已经蔓延开来。过了第一年以后，你会发现很有必要把一些植物分开，分出去的部分可以转送给朋友们，这是鼓励朋友或邻居建立雨水花园的好时机。拥有一个花园知识渊博的朋友和获得免费的植物，还有什么会比这些更适合开始建造雨水花园呢？

雨水花园需要维护

发生长期积水（即超过24h）时需

要立即引起注意。对于黏土，要采取降低溢流口以减小盆地的深度或扩大盆地的尺寸这样的措施。对于壤土，准备一份含60%沙子和40%堆肥的混合物，然后将其放入雨水花园底部7.5—15cm的位置，并确保顶部覆盖一层7.5cm厚的覆盖物。

在一年中的任何时候，如果你看到花园里的植物死亡，请注意它们的种类和在雨水花园的位置，并试着分析是什么原因导致了它们的死亡，而同一种植物的其他植株是否在别处茂盛生长？如果是这样的话，它们能在哪里良好的生长？尝试在雨水花园的不同区域重新种植这种品种或不同的其他品种。如果植物似乎死于过多的雨水或根腐病，就把它移植到一个相对干燥的区域。如果植物看起来干枯、凋谢或变成褐色，就试着将它移植到盆地底部。像所有的园艺科学一样，雨水花园的科学也需要反复试验。如果某种特殊植物的反复试验失败了，那就尝试替换另一种植物。

> **总结**
>
> 在第一年之后，你的雨水花园应该不需要太多的维护了。像我们见过的许多雨水花园的园丁们一样，如果你发现自己正在寻找更多的方法在你庭院的雨水花园里中收获雨水，那就请继续阅读下去。在下一章中，我们将介绍许多具体的方法来为您的雨水花园配备活动屋顶、石板露台、雨水桶等。我们还提醒你从屋顶往街道上和人行道上联想，并做好准备去收获落在那里的雨水。

工作表

雨水花园年度维护检查表

☐ .... 清理排水沟和落水管中的碎屑

☐ .... 观察通过落水管、管道和洼地的水流，并且清除障碍物

☐ .... 修复所有被侵蚀的导流沟并清除其中的杂草

☐ .... 检查护堤是否有沉降或侵蚀迹象；必要时添加土壤

☐ .... 每年添加堆肥或其他类型的覆盖物

☐ .... 根据需要修剪、固定并分株花园里的各种植物

☐ .... 检查成熟的雨水花园是否有杂草和裸露的土壤，这可能是被侵蚀的迹象

☐ .... 检查雨水花园入口和出口的标志，防止沉积物堆积或侵蚀

户外厨房的活性屋顶

第六章

雨水花园综合设计

如果你已经完成了这些内容：

这本书到目前为止，我们叙述到：你已经拥有一处雨水花园，能捕捉雨水径流，补充蓄水层，并恢复你花园中的一些原生态栖息地。像许多雨水花园的园丁们一样，你可能正在考虑利用更多的方法来收集和利用雨水，并防止污染物进入当地的排水管道。也许你正在关注更多的集水区域，比如天井、车道，甚至还有邻居的落水管，或者想知道如何利用雨水来灌溉果树或蔬菜。在这一章中，你将学习如何捕捉落在庭院中的盆地里的每一滴雨水：在盆地和洼地里，在活性屋顶和墙壁上，在蓄水池里，在路边收获街道雨水径流的花盆里等。我们还将研究雨水方面的园艺技术，并描述如何在雨水转向软管之前，利用雨水和中水（经过初级净化的雨水）进行灌溉。我们将把所有的这些策略和想法与集成的设计方案联系起来。

您的屋顶可能是您最大的雨水径流来源，其次是车道和天井。当然，从花园里自然存在的各种硬质表面也能收集雨水径流。岩石表面、巨石块和硬土表层几乎带走了那里所有的雨水径流，裸露的土壤和草坪也流失了相当多的雨水。捕捉每一滴雨水的技巧是将其引入或储存在生活屋顶上的许多分散的位置、透水露台下的干井以及蓄水池中，然后将多余的雨水渗入雨水花园。通过在庭院里的各种地形上收集雨水，你可以把这片花园土壤变成一块巨大的海绵，还可以灌溉和施肥，形成富有成效和可持续发展的雨水花园景观。

综合设计入门

综合设计是从深思熟虑的观察开始的。这意味着你可以躺在庭院中，在放松的状态下，并注意到周围的生态系统是如何独立运作的。首先，考虑每一个有生命的和没有生命的元素——它消耗了什么，它产生了什么，以及它无意中提供了什么。然后考虑如何安排和组合这些元素，以最大限度地来实现它们之间的有效互作。

从最广泛的角度来看，综合设计考虑了所有与景观相关联的太阳、风、雨水、冷热气流、植物、动物、噪声，甚至是含灰尘和烟尘的空气微粒所携带的所有能量流。于是设计师们便安排了建筑物、栅栏、蓄水箱、人行道、小路、植物、土方工程和池塘等，以创造一个美丽的、自我维护的生态系统。像自然生态系统一样，这些人为创造的生态系统为人类提供了许多好处，包括储存在生物体内和土壤中的清洁水源；植物体散发出来的凉爽湿润的空气；室内外的冬日阳光和夏日荫凉；以及食物、药物和野生动植物资源等。

综合设计实践其实也是简单的。事实上，当你设计雨水花园时，你已经经历了综合设计的每一步。首先，

综合设计的雨水花园

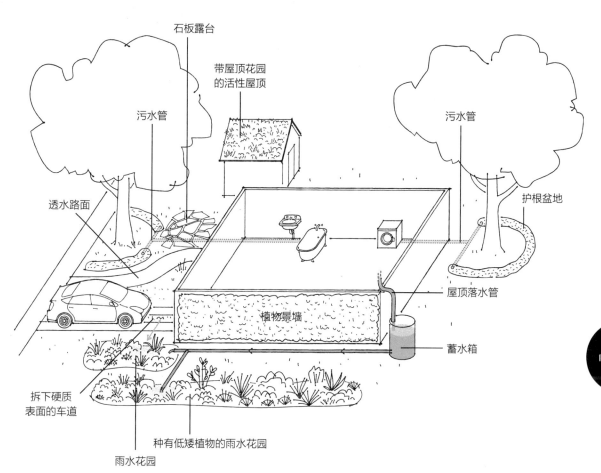

石板露台

带屋顶花园
的活性屋顶

污水管

污水管

透水路面

护根盆地

屋顶落水管

植物景墙

蓄水箱

拆下硬质
表面的车道

种有低矮植物的雨水花园

雨水花园

综合设计雨水花园的起源

我们的综合设计方法借鉴了澳大利亚人比尔·莫里森和戴夫·霍尔格伦在20世纪70年代末开发的永久农业系统。莫里森和霍尔格伦注意到了世界范围内的传统农业、建筑和流域管理实践的相似性：

▶ 长期深入观察自然系统的基础；
▶ 一种适应的、不断发展的陆上作业方法；
▶ 与植物、动物和自然力量的合作关系。

永久农业考虑从庭院花园规模到流域规模的所有不同规模的人类定居环境系统，重点是生产粮食、燃料、纤维和药物的农业系统。在这本书中，我们将重点缩小到雨水的设计，因为雨水支撑了植物和土壤，是庭院生态系统的基石和基础。

莎草在炎热干燥的屋顶上茁壮生长，还能抵抗火灾的发生，并且植株全年保持绿色

在各种天气下，一年四季都要仔细观察你庭院中的景观。记录你看到的植物和动物以及土壤的状况。绘制太阳的阴影、斜坡的分布、风向、雨水流向以及你能识别的任何其他元素的信息地图。也提议你占用一点点时间在花园里放松一下，比如在那里小睡一会儿以做放松。

接下来，想想你希望你的庭院系统如何运作。其可能性包括夏季被动制冷和冬季供暖；灌溉用雨水或生活用水；太阳能或风力发电；屏蔽街道噪声和污染；食物、医药、生活材料和野生动物栖息地的花园；户外休闲、娱乐、工作或烹饪聚餐的地方。

列出你可以组合到景观中的各种元素。就收集雨水而言，考虑采用活性屋顶、可渗透路面、蓄水池和中水系统。列出每个元素所能提供的多种功能，以及每个元素与其他元素之间的可能联系，尽量模仿自然生态系统具备的多重和互作功能。例如，树叶、覆盖物和真菌菌丝体都可以阻挡降雨，然后尝试在你的庭院生态系统中开展综合设计。在建筑景观设计中，几个自然元素可以结合起来给你的房子降温，例如你可以在夏天种植落叶树木或藤蔓类植物来遮挡朝南和朝西的窗户，打开窗户来捕捉微风，给你的房子涂上浅色来反射阳光，并安装一个活性屋顶来执行蒸发冷却和隔热的作用。

然后排列各种设计元素，直到每个植物、雨水源和各种构筑物都执行了您所能想到的尽可能多的生态功能。每个元素可以提供的功能越多，系统的生态效率就越高。例如，

找一个舒适的地方，仔细观察位于这里的一棵树，这棵树在微风的吹拂中生长，形成了树荫，也通过二氧化碳的同化作用和光合作用，生长出树叶和树枝，同时释放水蒸气和氧气，捕捉灰尘和煤烟，还可能长出果实、结出可食用的坚果。从生态角度讲，一棵树可以阻挡炎热的夏季阳光，为周围的植物提供遮阴；散发水分时，使周围的室外空气变得凉爽湿润；为棚架、栅栏和篝火晚会提供了木杆；并鼓励鸟类给它栖息的土地施肥。有思想有理念的宏观控制艺术是综合设计的关键。

在开始综合设计的时候，请记住设计元素之间的关系。一个集水盆地可以放在一个可渗透的露台下（而石板裂缝间生长着低矮的植物），盆地的旁边是一条小路，把这条小路设计成凸起的小路，这样护堤就形成了，护堤就布置在鸡舍下面，以收集富含硝酸盐的雨水径流，作为肥料供果树和蔬菜生长使用，甚至给屋顶花园使用。一个带岩石景墙的露台不仅可以蓄水，景墙还可以提供雨水花园的座位，而岩石之间形成了土穴，岩石可以支撑土穴中栽植的植物，植物在吸收太阳的热量等等。让露台台阶高一点，你可以在露台的下面和台阶的旁边种一棵对霜冻敏感的果树，这棵树会从露台下面的盆地中汲取水分，稳定岩石景墙下面的斜坡，并为景墙的长椅遮阴蔽日，岩石发出的辐射热将保护树木免受霜冻，岩石之间的植物种类，如薯草和迷迭香，还可以为这株果树吸引授粉的昆虫等等。

从微小处开始逐渐改变你的花园景观。观察雨水花园中的一个集水池，弄清楚它是如何被雨水填满和排水的；以及哪些植物能在盆地中茁壮成长；添加更多的盆地、露台、池塘或集水区。根据你的观察调整你的综合设计，再之后就是重复操作的过程了。

构成要素及其功能

可持续花园景观的构成要素包括树木、其他植物、水池、土壤、覆盖物、铺装、屋顶以及蓄水池。一个成功的综合设计需将建筑系统和现有的元素有机结合起来，在一个低维护的、美丽的花园景观中提供所有这些功能。

树木能提供蔽荫处，阻挡风力，它的落叶还能产生丰富的覆盖物。树根可以深入地下汲取水分，稳定陡坡和雨水花园盆地的护堤。像所有的植物一样，树木释放的水蒸气其实是光合作用的副产物。这种蒸腾过程就像一处沼泽冷却器一样，冷却着周围的空气，但用水量却要少得多。当栽植树木时，应想到它将如何影响阳光和风向，进而再影响到它周围的建筑物、花园或露台等构筑物。

盆地的尺寸可以是铁锹大小的洼地，用来收集沿着山坡流下的雨水和有机物，也可以是1.8m深，相当于城市街区长度的路边渗透绿地。狭长的盆地将雨水分散到整个花园景观中。护堤可以成为凸起的通道，将雨水排入下沉的花园盆地中。

土壤过滤污染物，储存植物需要的水分和养分。土壤中充满了生命，居住着无脊椎动物、真菌和细菌，它们分解有机物，固定碳和氮元素，并使土壤通气疏松。

有机覆盖物，如树叶、枯草和枝条，可以遮蔽土壤，减少蒸发，还可以被分解成丰富的腐殖质，并破坏雨滴的冲击力，因为雨滴会板结土壤。用覆盖物覆盖裸露的土壤是帮助水分渗透和减少水分补充和肥料供应的最简单方法。石材覆盖物能收集晚露，并提供有机覆盖物所没有的其他好处，当然，除了能提供有机物。

人行道和屋顶收集雨水，你可以把它们看作是水源地。如果你需要在离景观区较远的角落里浇水，从现有的屋顶流出的雨水不会通过重力到达那里，需要考虑在那里建一个露台或蓄水池来收集附近的雨水，或者在屋顶上建造一个活屋顶来收集雨水径流，之后要平整地铺砌好排水通道的表面，使雨水流向你需要灌溉的区域。

蓄水池是储存雨水的具有一定容量的大水箱。雨水吸收太阳能并储存大量热量。蓄水池散发的热量可以保护敏感的植物免受霜冻，并在凉爽的日子里创造一个相对温暖的一方小环境。蓄水池可以镶嵌到墙壁中处理成一个私密的空间，或者埋在天井或地下室里。蓄水池的位置应该保证其溢流管中的雨水可顺利的排进雨水花园盆地。

一个可持续发展的雨水花园不仅仅是可食用的，或是对野生动物有吸引力的，它还融入了居家的生活功能，提供了户外活动区和烹饪区、季节性的纳凉区域和日光浴（类似于收集太阳能的设计）、防风和屏蔽隐私。当你考虑用我们接下来讨论的策略来扩大你的雨水花园的集水能力时，仔细考虑在哪里以及如何将这些元素整合到你现有的花园景观中。

减少雨水径流的附加策略

在这里，我们描述了以下几种策略，比起单独使用雨水花园而言，这些策略可以让你能收集更多的雨水径流：减少硬质铺装景观，使用蓄水池收集雨水，建造活性屋顶、活动景墙和路边花盆。在城市花园或小型花园景观中使用这些集水技术尤为重要，因为对雨水花园而言它们的空间非常有限，但它们依然处在大的空间环境中运营。

减少硬质景观

在城市空间中，你的庭院可能和你的建筑一样大，也可能和你存放垃圾桶的混凝土露台一样小。无论哪种情况，保证一定的渗透面积非常重要，所以尽可能让每个地点都能吸收雨水。第一步是仔细检查你的硬质景观，你现在的车道比你实际需要的有多余吗？如果天井用的是混凝土板，考虑把它做得更小，或者直接拆除它，再或者用能破碎混凝土的铺路机打碎后重新预制一块，让雨水可以渗入预制板的裂缝中。

根据您使用车道的方式，您有几种方法可以让人行道变得可以渗透雨水。人行道的宽度应为60—75cm，以便于行走、滚动物体和推手推车。为了便于轮椅通行，请使用碎拼的花岗石、铺路材料或石板，用沙子或预制的透水铺路石子紧密的铺在一起。在无障碍通行的地方，使用木屑、砖块、圆形河石或汀步石，木屑分解后，还可以向土壤中添加有机物，并且可以从木材加工厂那里免费获得（每

151

雨水收集系统

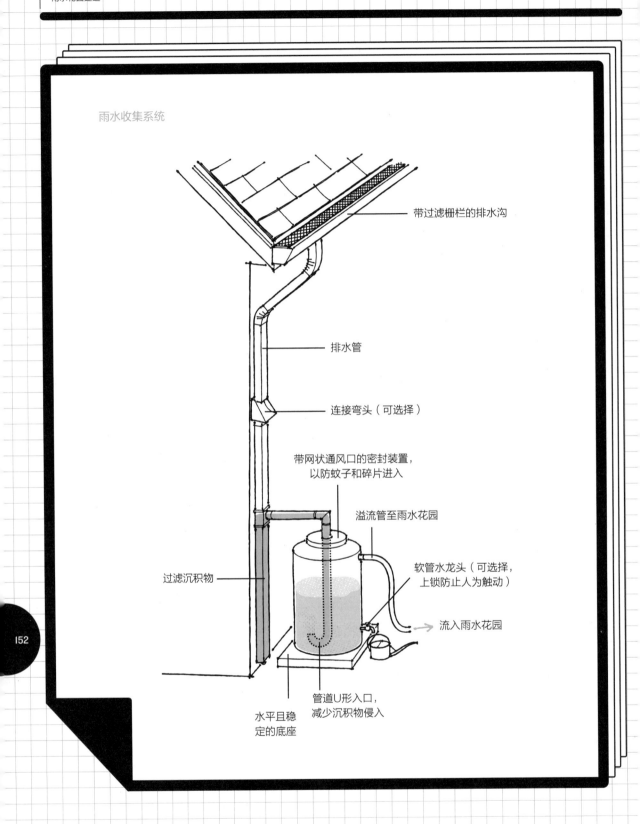

带过滤栅栏的排水沟

排水管

连接弯头（可选择）

带网状通风口的密封装置，
以防蚊子和碎片进入

溢流管至雨水花园

软管水龙头（可选择，
上锁防止人为触动）

流入雨水花园

过滤沉积物

管道U形入口，
减少沉积物侵入

水平且稳
定的底座

年或每隔两年都需要用更多的木屑填满小路）。回收砖可从建筑工地或建材回收场免费或廉价获得，河石也可在采石场现场获得。

车道又该如何改造呢？如果你的车道是一片典型的混凝土结构，那么你可以有三个选择。第一，移除混凝土车道中央的一条人行道，留下其余两条车道继续行车。然后把中央地带变成一个狭长的雨水花园，或者只是种植地被植物。这种选择很便宜——如果你自己动手，只需花费租用一把混凝土锯的费用，切分的混凝土块还可作为汀步石、挡土墙或庭院铺路石。第二，你可以用具有渗透能力的铺路石重新铺设车道，先踏查一下你当地的回收场是否有这种铺路石，因为新铺路石并不便宜。第三，你可以安装一个耐践踏的草坪系统，使用预制的塑料基质支撑你车的重量，防止它压实下面的土壤。在基质下面和基质中铺满排水良好的土壤混合物，然后种植耐旱的草种。

蓄水池收集雨水

当大多数人想到收集雨水时，他们会想象出一个挂在屋顶上的雨水桶或雨水箱。雨水箱是任何尺寸的水箱，从标准的200L的雨水桶到38000L的钢制雨水箱。与主动收集和利用雨水的雨水花园不同，蓄水池收集雨水需要配备管道系统，有时还需要动力水泵。因为它们储存的雨水主要用于灌溉（甚至室内生活使用），所以雨水桶补充的水分减少了家庭的总用水量，从而降低了你的水费开销，并在以雨水为主要来源的河流或土壤含水层中

到2009年，我已经用我的管道技术，为我室内所有的固定装置加装了节水模型：一个超低流量的淋浴喷头，每分钟仅使用5L的水，每次冲刷马桶仅使用3L的水。我每天总共要消耗42L的水。但是，如果在自然灾害或长期干旱之后，自来水完全停止工作的情况下，我该如何保持供水呢？我想要了解雨水收集的知识，哪怕仅仅是作为应急的储存。是的，我也想储存雨水，帮助我的雨水花园度过地中海气候中漫长干燥的夏季，并防止冬季雨水从旧金山湾流出和浪费掉。

我在雨水世界里的冒险始于一个为期才一天的工作室，那里的一个推销员给了我一个小水箱，他只是不想再把它运回新西兰而已。虽然它不漂亮，但我喜

欢安装和实践，并邀请朋友过来帮助我安装它。为此我建造了一个干燥系统——排水沟中的水通过重力直接排入水箱，降雨停止后让落水管保持干燥。因为排水沟朝建筑的前面倾斜，所以水箱不得不安置在前面的落水管下面。在这个难看的水箱惹恼邻居之前，我找到了一个吸引视线的容积500L，直径1.5m的水箱，它的外观呈现出沙子一般的颜色。溢流管现在从地基向下延伸到一个雨水花园，一年后我开始建造这个雨水花园。

我没有买任何配件和套件，而是用管道等构件制作了第一套冲水装置。我在竖管底部安装了一个T字形接头（连接件），用来收集最脏的屋顶最先冲刷下来的雨水。打开T字形接头连接件底部的清洁塞，可以清除

留下了更多的雨水资源。即使是一个大型水箱也只能收集一小部分落在屋顶上的雨水，当水箱满了之后，雨水还会继续从排水沟流入水箱中，然后从溢流管流到雨水排放口，或者最好是流到雨水花园。将雨水桶和雨水花园集成到您的家庭供水系统中，以最大限度地提高您的水源利用率和用水效益（室内利用雨水可以显著减少对市政供水或井水的依赖，但需要动力泵的处理，而这一主题超出了本书的范围）。

储水箱系统的结构

典型的储水箱系统有五个组成部分：集水表面，最为典型的代表是屋顶；运输工具、排水沟和落水管或雨水链；第一冲洗分流器，一个防止灰尘和鸟类排泄物进入储水箱的装置；一个储水箱，包括垂直于雨水花园的一根溢流管；以及雨水分配系统、软管或滴灌系统。

作为集雨表面，屋顶是显而易见的选择，因为它在高处，所以雨水可以通过重力流入储水箱，然后再流入雨水花园。车道和草坪也可以用来收集雨水并直接储存雨水，但是这2种选择需要额外的过滤成本和工程支出，因为储水箱必须埋到地面以下，雨水必须用动力泵输送到雨水花园。你可以从大多数类型的屋顶上收集雨水，包括沥青和瓦片屋顶，但是要小心屋顶材料或防水材料中的铅、铜和杀菌剂（如果你不确定你的屋顶是由什么材料制成的，请找一位屋顶维修工人来鉴定一下你的屋顶材料），这些物质会污染你的土壤，一旦灌溉粮食作物，对人类的健康会造成很大的危害。

输送系统（屋顶示例中的排水沟和落水管）负责将雨水从集水表面转移到储水箱中。标准镀锌、搪瓷或聚氯乙烯PVC排水沟和落水管的工作性能良好，但避免使用铅质和铜质管材，因为铅和铜管会析出重金属。还要安装排水沟防护装置和落水管过滤器，也称为雨水口，以防止树叶和各种碎片和杂质等进入储水箱。

第一个冲洗系统要确保流入储水箱的雨水是干净的。降雨期间，集水表面通常会落满灰尘、空气中的

颗粒污染物和鸟类排泄物等，在这个雨季的第一场暴风雨中，径流会将这些杂质从屋顶带走。为了将这些潜在的有害物质排除在储水箱之外，第一个冲洗装置通常就安装在储水箱之前的输送管线中。当雨水流向储水箱时，第一个冲洗装置会捕获最开始25加仑左右的降雨，这个冲洗装置的底部连接有一个排水管，当该冲洗装置注满初期的雨水后，这些污染的雨水通过排水管流入地下，其余干净的雨水则流入储水箱。

储水箱必须能保持雨水的清洁，并能承受当地的各种气象条件而不被损坏，包括冰冻和地震。储水箱应该是不透明的（以阻止藻类生长）、浅色的或不导热的材质（以防止水温过高并阻止细菌生长），并且由食品级标准材料制成，储水箱也需要排除蚊子的干扰。

储水箱的尺寸从200L的桶到38000L或更大的储水箱不等。材质方面塑料、金属、玻璃纤维、木材和水泥罐是最为常见的，但是人们也会把雨水储存在水泥抹灰的地上蓄水池或地下蓄水池中。一些新颖的设计更是展示了将储水装置安装在狭小空间的创造性。由相当于能够回收200L雨水的桶组成的雨水链，可以放在屋檐下或建筑之间的空隙。外形类似枕头或球胆形状的蓄水箱，可以悬挂在建筑物侧面或屋檐下的狭窄空间，下雨时不仅能通过雨水充气还可以储满雨水。由波纹钢制成的又高又窄的储水箱，可以靠着栅栏固定或固定在狭窄的通道空间。无论它们的设计容量多大，当雨水径流量超过存储容量时，蓄水箱需要有一个排水阀将雨水输送到分配系统中，并有一个溢流管将雨水径流转移到雨水花园或雨水排放口。在地震易发地区，可以将储水箱固定在墙上或固定在地基上，并注意水泥、石头或砖砌结构的蓄水池在地震中可能会破裂。

分配系统将雨水从蓄水箱输送到需要使用雨水的地方。储水箱中的雨水可用来进行近距离的人工浇水、软管自动渗水和低压滴灌等。如果你想把储水箱连接到现有的灌溉系统中，或者是远离储水箱的水生植物，再或者把雨水输送到山上，那么就需要安装一个水泵这样的动力系统来工作。

储水箱的位置

如果环境条件允许的话，抬高水箱或将其置于要灌溉的植物的上方，这样雨水就可以通过重力直接流入雨水花园。水箱并不一定要靠近集水屋顶——它可以在景观需要的任何地方，只要雨水流入的位置低于排水沟的高度就可以。因为水位是固定的这一科学事实，潮湿类型的雨水收集系统中，落水管和水箱之间的地下管道总是充满雨水（在干燥类型的雨水收集系统中，落水管直接从排水沟通向雨水桶，所以落水管在没有暴风雨时期是排空的状态）。因此可以将水箱放置在水平、密实、排水良好的地面或平面上，或放在由泥土、石头或堆积的碎混凝土制成的高架平台上。

维护你的储水箱或水桶

重力式雨水收集系统（利用自然重力径流雨水）几乎不需要任何维护。每年定期检查雨水系统的所有组成部分，最好是在雨季第一场大的暴风雨来临之前。清洁水槽和落水管，擦洗储水箱或雨水桶，检查所有配件和连接管件是否有泄漏，并检查雨水系统的任何其他附加部件。应更频繁地检查动力泵输送系统，因为泵的油箱中的灰尘和碎屑会增加泵的磨损并造成泵的损坏，应及时发现和维护才能保证动力系统的工作性能。

活性屋顶

活性屋顶取代了传统的屋顶，采用了有生命活动的、有植物呼吸的、有植被覆盖的屋顶系统。最基本的活

▲ 案例分析
之续篇

掉从屋顶上冲刷下来的树叶、玻璃纤维和砂砾等杂物。在T字形接头连接件的分支上，我安装了一个连接着软管的水龙头和测试装置（用于测试管道排水系统）。当我刚打开水龙头时，脏水就通过软管排出，溢流到附近的观赏植物上，几个小时内就可以清空立管，为下一场雨水的光临做好了准备。

然后我决定启用那个门廊屋顶上的小落水管，它遮住了门廊装饰柱的线条。为了把水从房子里排出去，我用了一个旧的、带有特定弧度的落水管配件：一段生锈的链条，把它对准房子的正前面，用弹簧把这段生锈的链条连接到落水管上。这条链子通向一个老式木制的酿酒用的木桶，我在木桶的顶部钻了一个洞，用一个细纱窗把洞口盖住来阻止蚊子飞入，并使用一块亮晶晶的玻璃来引导雨水从链条流入桶中，木桶底部的软管和水龙头控制雨水从软管流到雨水花园的

低点。

我最终的雨水收集项目是在我的庭院后面增加一个更大的水箱，用来最大限度收集雨水。我家房顶上连接排水沟的落水管将与一条位于地下的、不透水的管道相连，在水箱侧面露出水面，露出的高度足够让雨水充满水箱顶部。因为雨水自动流动，所以不需要水泵。这套收集系统允许我把水箱放置在远离屋顶的位置，那里是收集雨水的最佳地方。

在地中海气候环境里，最大限度地减少城市用水量的最好方法似乎是：在整个多雨的冬天，当水箱可以被反复排空和重新注满时，我们就可以利用雨水冲洗厕所，如果具备紫外线消毒条件，还可以利用雨水来洗衣。如果经过充分的过滤和测试，我甚至可以考虑用雨水作为备用的饮用水。在紧急情况下，我肯定会带着我的便携式小过滤器离开住房，去水箱取水，我感觉准备得很充分。

这个木制雨桶通过雨水链从一个小的门廊屋顶处接收雨水径流，雨水链通过弹簧连接到排水沟

155

性屋顶由一层植被和覆盖在防水膜上的轻质土壤混合物构成。任何有平屋顶结构的建筑物都能支撑一些植被的存在和生长。

裸露式屋顶如果有一定的面积规模，适合种植植被，一般要有15cm厚或更薄的土壤层，该土壤的特点是重量轻（浸水时每平方英尺重达80—170kg/m²），并利用临时性灌溉设施或不做灌溉设计。这些低成本维护系统适用于较小的屋顶，如房屋、仓库、棚屋或鸡舍类等，并且可以在没有任何专业指导的情况下自行安装。而密集屋顶的特点是有厚达0.6m的土壤层，植物种类多样，有固定和永久的灌溉系统，通常需要进行专业咨询才能施工，所以我们不在这里讨论。棕色瓦屋顶则是一个有趣的类型，它可以有很多变化与设计，虽然屋顶最初缺乏美感，但如果你现场有砖石或混凝土瓦砾，经过你的设计，碎石可以成为耐寒植物的生长媒介，还可以为小动物们的地面筑巢提供栖息地，很快就可以吸引大量的昆虫、微生物来此安家。这种变化和设计是有意义的。

活性屋顶的优势

尽管前期成本高出传统屋顶，但考虑到屋顶材料的寿命，活性屋顶还是领先且有优势的。活性屋顶也能提高你的生活质量和改善局部的小气候环境。它能够减少雨水径流，创造野生小动物栖息地，并能通过捕获和初级净化落在屋顶上的雨水和灰尘，将当地下水管道的富营养污染减少30%。他们通过提供冬季保温和夏季蒸腾作用来降温，一并降低了能源消耗的成本。活性屋顶的存在对周边环境和局部小气候都有好处，因为它们有助于冷却热岛一般的城市和加热寒凉的岛

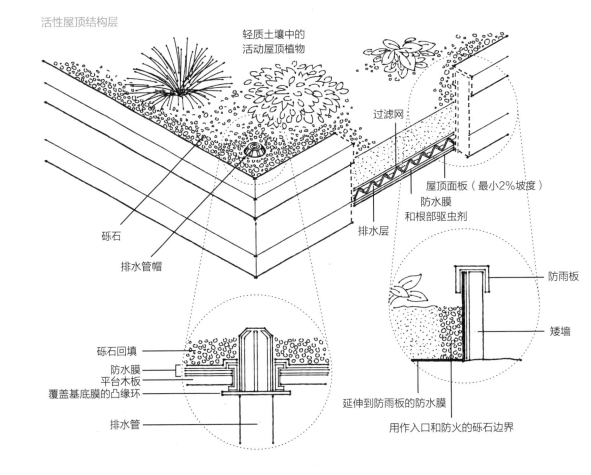

活性屋顶结构层

轻质土壤中的活动屋顶植物

过滤网

屋顶面板（最小2%坡度）

防水膜和根部驱虫剂

排水层

砾石

排水管帽

砾石回填
防水膜
平台木板
覆盖基底膜的凸缘环

排水管

防雨板

矮墙

延伸到防雨板的防水膜

用作入口和防火的砾石边界

156

加拿大皇家银行雨水花园 奈杰尔·邓尼特

地点：英国伦敦西部的伦敦湿地中心

设计师：奈杰尔·邓尼特

建设时间：2010年夏季

雨水花园面积：335m²

年降雨量：58cm

伦敦湿地中心的雨水花园于2010年9月向游人开放，作为庆祝这一位于伦敦西部的重要自然遗址十周年纪念活动的一部分。该自然遗址由野生鸟类和湿地信托基金共同拥有。伦敦湿地中心是在之前的水库和水处理厂所在地建立起来的。每年都有数以万计的学龄儿童参观该中心，成千上万的家庭和个人前来了解湿地系统和湿地中的野生动物、欣赏美丽的风景和丰富的游乐设施。

这座花园的目标非常明确：提供一个互动的、极具吸引力的花园，展示节水的重要性，并激励人们在自己家中尝试节水和集雨花园技术。我特别想以这个花园为例，在英国引进和推广雨水花园的概念，因为在此之前，这个概念在英国的应用甚少。与伦敦湿地中心现有的其他花园区域所不同，该湿地中心的意图是让游客完全可以进入雨水花园，以便人们可以调查和了解雨水花园的工作情况。因此，建筑物、各种材料和绿化种植必须非常坚固，最重要的是，让人们喜欢上这个花园，并对自己说："这花园太棒了，我可以在家里尝试！"

花园面积18m×18m，中间有一条小溪流。这片场地在河流的每一侧缓缓上升约90cm，形成了一个微地形般的山谷地貌。花园的布局极其松散地建立在一系列以同心圆为基础的场地上，这象征着水池中的雨水会产生辐射状的涟漪。宽阔弯曲的木栈道带着人们穿过花园，还有许多探索性的小路。水上汀步是为勇敢的人们穿越河流而设计的必备设施：尽可能多地与水景互动是非常重要的造景手法，这也是为了对抗一种普遍的观点：景观中开阔的水域有潜在的危险性。

花园的中心是一系列圆形的、凸起的构筑物：在花园的中心，是一系列圆形的、凸起的苗床，这些苗床从花园里的一处小型建筑出发，作为园内一处景点。这些苗床从一个缓缓的斜坡上一个接一个地排列下来，他们吸收了沿着斜坡流过的雨水径流。每一个小苗床都会吸收一些水分，然后渗透到土壤中，但其中大部分的水分是供给植物生长需要，并通过蒸发过程直接送回到大气层中去。任何多余的雨水径流都会溢出并流动到下一个苗床内。在每层苗床上种植的植物略有不同，这与所产生的水分梯度下降有关，但也形成了不同的景观。其中一张苗床填满了水，不仅仅是土壤饱和

157

续

屿，吸收飘浮在空气中的颗粒物和二氧化碳，并能减少因供暖、制冷和屋顶翻新所产生的化石燃料的排放与辐射。此外，它们看起来很精美，能激发人们对大自然景观的向往与热爱，而且可以持续50年之久。

结构要求

如果你的屋顶坡度小于40%，你可以把它变成一个大面积的活性屋顶。在改造屋顶之前，我们鼓励你在相对简单的棚屋顶或鸡舍屋顶上做预备实验，或者去当地相关的协会咨询或进行专业咨询。确保建筑的基础和结构能够支撑土壤的荷载重量，并能精确地连接覆盖的薄膜和排水沟的排水口。

在你考虑建造一个活性屋顶之前，先登上屋顶考察一番，确保它在感官上坚固耐用。如果屋顶支撑了雪

荷载而不坍塌，说明它应该能支撑一个较大面积的活性屋顶。如果不能确定或者有诸多疑问，请咨询专家。雨水的重量是每立方米1000千克。对屋顶结构的彻底分析也可能揭示具体的点荷载的大小，预示着可以增加荷载的区域，可在柱子上方或沿着承重墙增加点荷载，以容纳更深的土壤和更大的植物。

活性屋顶结构层

防水膜可以防止雨水进入屋顶下的结构，并且可以使用多种类型的防水膜，比如用作池塘底面和壁面的防水膜就很适用，也可以使用其他材料；咨询当地的专业人士，了解当地可用的防水膜。它们一般有很多种厚度，理论上越厚防水效果就越好。雨水泄漏或渗漏会造成很严重的屋面结构的

苏珊娜·弗斯林把蔬菜种植在阳面的排水沟里，形成了一面绿墙

了水分，而是苗床内有积水存在，这种情况下就可以种植水生植物（具有净水功能的水生植物最好），而其余的苗床则种植耐水湿植物，需要选择喜水湿或耐水湿的植物种类，以便这些植物在经历过湿或湿润的各种条件下均能生存下来，其中可能包括长时间的积水期或短暂的干旱期。

最后，经过苗床层层的吸收，最终只剩下

很少的雨水径流可以流进小溪了。因此，我们在花园里安装了一台动力泵，将雨水再次从溪流中提取上来，再让其从较低的位置中回落，形成一种水循环模式。从游人的游园活动可以看出，工作中的水泵吸引了大量游客的关注和兴趣，并展示出一种非常微妙的水景效果，因为在正常条件下，溪流的末端不可能再出现雨水景观了。使用水泵的

目的是向游客展示雨水花园的工作原理：一个让雨水循环变得清晰可见的案例。

雨水花园的重点是一个巧妙的避雨棚式的建筑，用来收集雨水并供应给花园。这个避雨棚是一个经过改装过的大型集装箱，屋顶种植了各种各样的绿色植物。集装箱完成了在世界各地移动货物后，在我们的花园里，用它集中展示了材料回收和再利用的过程，成

这里每一个圆形的雨水花园都会在一场大雨后积满水，然后溢流到雨水链条上的下一个雨水花园中。第三个雨水花园则包括了开放的水景和观赏芦苇，当雨水流过它们的时候，以帮助净化雨水并形成花园景观

这套由布赖考特设计
的住宅包括三面绿墙

为一个主要的实例，而这一概念支撑着整个花园中材料的使用和利用。在建造花园的过程中，尽可能地寻找能再生的材料已成为一个原则问题：这不仅有助于减少预算，而且还产生了一个高度个性化的花园，让人们从中获得灵感，启发他们在家里的花园里使用这些再生材料，这是很容易实现的一件事情。这也许最能体现在雨水花园里可降解墙壁的建造上，也能体现在从花园中缀满野花的草地上升起的雄伟壮观的塔楼上。这些都是立体的动植物栖息地，有潜力吸引广泛的关注者。整个花园的种植体现了自然主义的风格和草甸般的特点。

雨水花园取得了巨大的成功：友好的野生动物，多彩的美丽植物，相连的雨水花园，蜿蜒流畅的雨水流线，绿色的建筑屋顶，这些惊人的自然组合，产生了一种与普通花园截然不同的体验感和游赏印象。"从第一天开始，雨水花园里就挤满了孩子和成年人，他们享受着与雨水和自然的互动，他们都清楚地知道了什么是雨水花园。其实这一切正是我们想要的。"野生动物和湿地开发公司的开发经理西蒙·罗斯这样说。

所有从绿色屋顶流出的多余雨水都沿着雨水链流入花园的蓄水池，蓄水池中的水通过一个渠道依次溢流到一系列雨水花园中。建筑的远端覆盖着为花园的野生动物提供栖息地的各种铺装面板

社区街道的果园 布拉德·兰开斯特

地点： 美国亚利桑那州图森市

设计师： 布拉德·兰开斯特

建设时间： 正在进行中

年降雨量： 30cm

瑞士的生态村设计师麦克斯·林迪格和祖父散步的故事，彻底改变了我对公共街道的看法。他的祖父指了指他在阿尔卑斯山村上方的公寓说道："在战争期间，我们在那里种植和收获食物。森林是最常见的土地，除此之外，还有什么公共用地可以利用吗？"

我看着我的索诺兰沙漠城市——亚利桑那州图森市，问自己，"我社区的森林，属于我们的公共用地在哪里？"在需要的时候，我们能从哪里获得食物？

据统计，至少超过450种本地食用植物，能在索诺兰沙漠的全部地区野生生长，其中许多可食用植物能减少糖尿病的发生或影响。牧豆树（*Prosopis velutina*）就是这样一个关键物种，无论在潮湿的年份和干燥的年份，它都会产生天然的甜蛋白和富含碳水化合物的豆荚，难怪它是雅基和奥德汉姆餐饮的主食。在我生活的城市里，几乎所有的牧豆树森林都被炎热的硬质铺装，或不适宜居住的人行道或侵略性的外来植物所取代。不适宜居住的人行道耗尽了我们少得可怜的年降雨量，而正是这些严重不足的年降雨，才是我们获得大部分食物的保障。如果给挂车加油的石油供应消失了，我们就没有食物运送来了；如果给我们的钻井泵提供燃料的能源用完了，我们就没有饮用水供应了。事实是我们正在为各种灾难创造条件。但这种糟糕的情况可能会发生改变：城市环境中的大部分公共土地资源——也就是我们的公共用地——是我们的公共街道和毗邻的公共街区，在这些贫瘠的街道上和街区里种植食物森林，其中所需的资源诸如土壤、原生植物、雨水径流和人类，就组成了我们自己的公共社区。

一旦建立起来我们自己的社区，本土的食用植物可以在没有灌溉的情况下生存和生长。当用收获的雨水灌溉时，它们更是可以茁壮成长。由于阳光炙烤下的卡利切土壤渗透能力极差，因此图森市几乎所有的雨水径流都直接从屋顶、车道、天井和停车场直接流向公共街道，这时的街道像被洪水淹没的河流一样，然后这些大量的雨水径流通过城市暴雨排水系统排出——这是一种巨大的资源浪费，也向我们提出了一系列的水资源管理等问题。

我的家乡开展了一项名为"沙漠收获者"的合作项目，在道路路边的带状地带和街道平缓的交通岛上种植本地的遮阳树种，并通过将雨水径

162

续

在这个雨水花园里，本地植物和引种植物一起生长，用厨房水池里排出的灰水浇灌

奇·兰开斯特吃着牧豆树的果实，这是从女子军团（Girl Scouts）十年前在社区街道上种植的果园里收获的成果，雨水从图片中右下角被切开的路缘处流入，注入果园中浇灌植物

流改道，将雨水径流引向这里灌溉植物，向人们展示如何种植和收获这些植物，帮助将这些曾经的废弃物转化为一种可利用的资源。我们还组织社区可食性植物种植聚会活动，并向邻居们展示如何在街道和他们的庭院里种植当地的树木（当地合作伙伴以折扣价提供丝绒牧豆树）。种植方把邻居们组织在一起，来美化他们的街区，建设他们的社区，并提供给大家公共的、收集雨水策略的例子。

在六年的时间里，这些树木提供了大片的阴凉和丰富多彩的季节性花朵。我们发现，随着本土的栖息地在城市中心的恢复，本地的红雀、捕蝇鸟、鸫鹟、蜂鸟、弯嘴鸫、白翅鸽、甘布尔鹌鹑和北美啄木鸟取代了仅有的鸽子类群。绿化种植后的8—10年内，邻近地区的树荫覆盖的区域明显比未种植地区凉爽很多（根据研究，最高可达

损坏，因此请密切注意防水膜的安装与铺设。尽量咨询当地屋顶施工人员以寻求专业的帮助。

排水系统有两个功能。首先，它允许土壤（一种特殊的轻质生长介质）排水，这样植物的根系就不会腐烂。其次，在暴雨期间，它会迅速将雨水径流从屋顶送出，这样雨水就不会汇集并损坏屋顶结构或防水膜。商用屋顶系统往往使用昂贵的塑料排水层来保证排水通畅，但是你可以通过在回收的玻璃纤维屋顶上钻孔来达到临时排水的效果。在玻璃纤维上铺设土工布织物，以防止生长介质落入其中并堵塞排水孔。一个更简单的解决方案是：可以在种植床之间，建立大约20cm宽的砾石通道，以隔离开生长介质。

你需要为活性屋顶的溢流排水管设计一处排水口，一个金属或塑料的排水口，排水口穿过防水膜，将雨水径流输送到排水沟或雨水链中。如果发现一个活性屋顶漏水，那么它很可能会在排水口处漏水，所以要非常仔细地构建这个施工细节，或者雇佣一位专业的屋顶施工人员来完成这项工作。

生长介质必须满足对植物根系的固定、提供植物生长所必需的水分和肥料，所有这些要求都是在不到15cm厚的生长介质中完成。这个施工环节是通过提供表土、堆肥和无机材料的混合物来完成的。表土（有时含有泥炭或椰子纤维）有助于保持水分，堆肥提供营养，无机熔岩或浮石为根系通风和排水提供了孔隙与空间。先混合1份清洁的表土、1份堆肥和1份珍珠岩、熔岩或碎砾石，之后在其上面加一层粗糙的覆盖物，以保持水分和防止生长介质被晒干失水或被风吹走。

活性屋顶处在高处，一般处于炎热、多风的环境中，大多数植物在没有被灌溉的情况下会枯死。但是多肉植物，如景天属植物、天竺葵类和长寿命的植物，在这种恶劣的环境中却能茁壮生长，它们一年四季都能保持绿色，并且能防火减灾。有发达的须根系（而不是直根系）的草坪草和杂草类也可以很好地生长。观察当地的沙丘或裸露的岩石，寻找植物景观设计的创意——你发现的那些植物很可能会在你的屋顶上表现良好。避免植物带有发达的匍匐根，因为它们会刺穿某些类型的防水膜。定期浇灌植物，直到它们

生长成熟，每年还要定期除草。如果你屋顶上的一些植物已经死亡，也请不要担心，做好其他植物的自然接替和延续的准备。

其他设计注意事项

如果屋顶坡度超过6%，注意是否有土壤侵蚀迹象。如果发现土壤被冲洗或吹走，请及时更换覆盖物。在坡度大于30%的屋顶上，需要在覆盖物上安装类似黄麻网一样的网状物，并在网孔处种植植物。

为了最大限度地促进你的活性屋顶上的生物多样性，设计一个不同高度的类似马赛克铺装一样的植被模块。再设计类似低矮小土堆和护堤一样的微地形，为无脊椎动物和微生物分别提供阳光充足和阴凉的小栖息地。你还可以把太阳能电池板安装在你的活屋顶的表面上，它们投下的阴影将形成凉爽的小气候环境。

土壤层也起到防火屏障的作用，但选择燃烧缓慢的植物仍然是一个最好的做法。肉质植物在茎中储存了大量的水分，就是很好的选择，而相反，观赏草在干燥条件下会成为火种。一个30—60cm宽的砾石或浮石边界将作为防火隔离带，并同时提供通往活性屋顶的维护通道。

活性绿墙

如果没有可供种植的屋顶怎么办呢，其实不需要担心，供垂直绿化的墙体是另一个能覆盖植物的巨大表面。绿墙，也被称为生命墙、垂直花园和悬挂花园，可以让植物在室内或室外的墙面上生长。就像活性屋顶一样，绿墙也提供了丰富的好处，包括更好的隔热、增加的野生动物的栖息地、食物类生产的机会、冷却和改善空气质量等。绿墙是从自己动手到高度工程化施工和艺术化设计的项目，它们是雨水花园和蓄水池的补充。例如，从蓄水池通过滴灌系统泵出的雨水，可以灌溉生长在轻质水培垫上的绿墙植物；更简单的是，从一块表面平坦的石头或雕塑上溅出的雨水，在通往一处雨水花园的路上，可以顺带地浇灌耐旱的多肉植物。更简单的绿化形式是石头墙或山岩上的梯田，以生长在墙体缝隙中的植物为特色，我们

165

6℃）。你种植一棵树，相当于就种植了一台活的空调机。

我们生活在一个时间紧迫、追求便利的社会中。之前传统的手工研磨豆浆和加工其他野生食材需要花费很多时间，于是我们试图加快这个过程，并且让它变得更加有趣，所以我们买了一个适用于农场规模的研磨机，并把它安装在拖车上。我们把研磨机带到公共场所，人们把收获的牧豆树豆荚拿来磨碎。研磨机可以在短短5分钟内，将5加仑整豆磨成1加仑质地细腻的纯天然甜面，这种面粉的售价可在每磅14美元以上。因此收割者可以很容易地在他们自己的社区收获、加工和销售面粉，每小时可以挣25美元——尤其在我们一年一度的梅斯基尔煎饼早餐和研磨活动中更是如此。沙漠收割者出版了《吃得很好：一个分享煎饼和美味佳肴的食谱》，如甜面包、冰淇淋、糖浆、面包圈、比萨饼、饼干、面包、曲奇饼等等各类甜点和甜食。

布拉德·兰开斯特收获了所有落在庭院屋顶和硬质景观上的雨水径流，沿街的天鹅绒梅斯基特果园也收集了从街道上流下来的雨水径流

资源

有关沙漠收割者的更多信息，以及他们食谱的链接，请访问网站DesertHarvesters.org.布拉德·兰开斯特的书《旱地和其他地方的雨水收集》第二卷和网站www.HarvestingRainwater.com 展示了许多其他方法来阐述"首先收集雨水，然后种植食用植物"的理念。

称之为壁岩。在这里，我们总结了绿墙的类型，并提出了颇具新意的垂直绿化的理念。

经典的绿墙以攀缘植物为特色，也被称为立体绿墙。植物植根于地面的土壤中，但是攀缘在空中的构筑物上，这需要数年的时间才能展开冠幅并且可以覆盖墙壁。这种类型的绿墙的一个优点是，可以很容易地将落水管引到这些攀缘植物扎根的地面土壤上，溢流出的雨水直接流到雨水花园中。这样就省去了安装和配备灌溉系统的环节与过程。唯一的问题是，气生根或吸盘往往附着在墙面上，并可能导致墙面结构的腐蚀与损坏。

随着设计师们探索园林与节水和节能之间的关系，新型模块化的垂直绿化方法正在出现。我们需要有别于传统概念的、一系列的土壤填充单元，这些单元通常是某种托盘或袋子，固定和附着在防水保护墙的框架上，这种形式就是垂直绿化的雏形。这种直接在墙面上种植植物的形式，显著地减少了绿化这面墙所需要的时间。因为提供了种植土壤，这种形式还扩大了植物的种类，从藤蔓植物到多肉植物、蕨类植物和其他根系生长缓慢的植物都能入围。模块化的土壤单元系统的一个优点是：濒临死亡的植物易于重新种植，这当然是再好不过的一件事情啦。但是一些土壤单元系统中的小格间限制了植物的生长和营养物质的供应，为防止植物根系脱肥和导致植株死亡，植物和土壤都需要重新替换才行。

无土水培垫系统的特点是植物依靠持水垫（通常由毛毡制成）进行生长。持水垫的背面形成一面固态的基质，由另一块毛毡垫和防水膜支撑，植物的根系沿着基质分布和生长。这些面板被固定在墙面前的框架上。因为没有添加土壤，这种类型的活性绿墙非常轻，但却需要更多的清水来保持植物健康的生长。该系统以水雾喷灌或滴灌的形式，通过水培垫系统输送水分，水分还可以被收集在墙底部的水槽中并再次循环利用。

许多这种类型的活性绿墙都需要定期灌溉。在不降低绿墙的观赏性的前提下，使用滴灌管是一种将水分输送到植物根系中的有效方法。在建筑物墙壁附近灌溉和用水时，应在输水设施和墙壁之间安装防水层或防护层，以确保没有水渗入墙壁，而且水滴和雨水径流必须能从墙面流出。空气流动对植物的健康生长也是必要的，应确保植株间不过于稠密，并且墙壁和植物之间存在通风的空间。

活性绿墙的维护其实相当简单：常规任务包括不定期地清除植物枯死的枝叶、疏剪植物和轻度除草等。每年检查土壤或生长基质和植物，必要时更换土壤或重新种植植物。活性绿墙是一种有趣和有创意的绿化方式和利用雨水方式，完全可以增加空间的趣味性和观赏性，而且这种绿墙不一定是大规模或高科技的形式，完全可以从小处和细节开始，用特制的花盆或组合的花盆就能实现集雨的功能。多多观察你的周边环境，寻找并发现有趣的载体，利用并种植它们，再把它们固定在墙上，你将逐步实现一个兼收并蓄、引人注目的垂直绿化花园。

位于路缘的花盆

最后一个能渗入雨水径流的地方是路缘绿化带，即人行道和路缘之间的狭长地带。在人口稠密的城市街区，这里可能是唯一一处可以接受屋顶雨水的未铺砌地面（有些城市则一直将铺装铺满到街面上，仅允许因为植树而移走一些人行道）。如果你的落水管在人行道的位置漏水，请检查并修复，以确保雨水从建筑物流向街道。然后在路边挖掘一处盆地用以集雨。因为路缘地带的面积通常不到屋顶面积的10%，一个60cm深的雨水花园不会吸收所有的雨水径流，你还可以在雨水花园下建一口干井，用来扩大雨水花园接收雨水的容量。

如果你不需要利用路缘绿化带来收集屋顶或车道上的雨水径流，你还可以用它来渗透街道上的雨水（切入路缘绿化带通常需要获得市政公共工程部门的许可）。首先，弄清楚雨水流向街道的具体方向，即使我们看起来平坦的街道，其实也有一定的坡度。在路缘绿化带的上坡端，拆下两个较短边的路缘界石（每个约40cm长），然后在路缘带上挖一处盆地，在路缘带下堆叠一个小土堆，用来截留从排水沟流下

167

来的雨水，并把雨水排入盆地中。需要定期培土给这个土堆，所以如果你所在的地区市政部门允许的话，你可以安装一处减速带作为导流洼地。当盆地积满水时，雨水会通过导流洼地循环流回街道，同时过滤沉积物和重金属。因为街道的雨水径流中含有铜、锌、机油和其他污染物，所以不要使用路边绿化带种植可食用植物，但是可以种植那些结出水果或坚果的树木，因为大多数重金属都可以被滞留在树木体内，而不是积累在果实里。

节水灌溉

尽管你的雨水花园应该不需要频繁的灌溉，但是那些花园里的蔬菜苗床、珍稀的观赏植物和果树确实需要额外的供水。这里我们介绍一套节水园艺策略，并展示如何将它们融入您的庭院景观中。这些策略中的每一个建议，都来源于一本参考书，我们已经在参考资料部分一一列出了这些书籍。

在雨水花园里使用污水

如果你居住在美国，你每天要用大约190L的水来洗澡、洗碗和洗衣服等。我们称之为灰水——之所以被称为灰水，是因为肥皂和污垢把它污染成了灰色——灰水也适合浇灌植物（经过适当的净化后）。如果每个人都能重新利用他们的生活污水，我们的城市将减少从河流和土壤蓄水层中获取的三分之一的用水，我们还将减少60%的处理的污水量。

雨水花园里的灰水很容易再利用。首先，在果树、灌木或大型的一年生植物（如西红柿等）的周围挖一条环绕茎干22.5cm深的圆形沟渠，并用木屑类覆盖物填满沟渠，这些沟渠可以拦截雨水流入通道或附近的建筑地基，也能防止儿童和宠物进入绿地，覆盖物还可以过滤灰水中的油脂和肥皂液，避免堵塞土壤毛细管，经过一段时间，覆盖物下面的污物、肥皂液和任何细菌都会分解掉。

现在该思考怎么把灰水从你的淋浴间、水池或洗衣机里送到雨水花园里：你可以将一个20L的水桶放在淋浴间里，用它来收集淋浴水。我们建议把水桶放在水池排水管的下面，来收集水池里的废水，然后把装满废水的水桶带到外面，再把废水倒进铺满覆盖物的盆地里。或者请一个水管工或手巧的朋友，帮你把排水管直接引到室外。简单的灰水系统在澳大利亚和美国的几个州都是合法的，如果你自己动手施工的话，花费大约在75—200美元之间，并不算很贵。

一旦你的下水道堵塞，灰水输送系统被断开，你的花园就变成了你的污水处理厂。所以请避免使用有毒的清洁剂，更不要将下水道用作垃圾倾倒场。"污水处理厂"不能去除有毒的化学物质，而且你肯定不希望它们出现在你的雨水花园里。钠和硼元素对我们来说是有益的物质，但对植物和土壤却是有害的元素，所以不要购买含这些成分的液体洗涤剂，然后用无毒害的洗涤剂洗衣物，这样能保证你的花园里的植物欣欣向荣且繁茂无比。

最简单的灰水系统：室外淋浴

如果排水管装置看起来复杂和占用空间，那就做一个室外淋浴。它需要很少的管道，利用阳光加热淋浴的水，并在夏天植物最需要的时候提供水分。最重要的是，即使传统的雨水花园系统不合法，但室外淋浴系统也是合法的。由于不需要排水管，室外淋浴系统在技术上不受美国统一管道规范的管制。加热系统可以含有一个特制的加热板，一个螺旋状的黑色聚乙烯灌溉管或铜管，一个黑色的75L水桶。大多数室外淋浴系统使用城市水压将水推入热水器，最简单的方法就是在热水器上加挂一根软管连接上水系统。如果你的上水系统没有水压，或者你想让你的朋友对你刮目相看，那就做一个热虹吸管，它利用热水上升的科学事实就可以把水吸进水箱里。

排出室外淋浴水的最简单方法是在淋浴系统下面挖一个导流洼地，在洼地里面填上河石或鹅卵石，这样雨水就不会露出水平面，在卵石上面再建一个木制的平台。这样你既可以站在木平台上，也可以跳过平台站在卵石上。只要确保导流洼地的底部至少有4%

的坡度，这样淋浴水就可以快速地排出。将洼地引向种植了你最喜欢的植物并充满了覆盖物的盆地，或引向现有的树木种植区域或雨水花园。如果你有一个以上的地方都想让你的淋浴水浇灌，可以在淋浴的地板上集成多个排水管，再将每个排水管连接到通向绿化区或雨水花园的管道上。将所有的排水管上都盖上盖子，这样每次淋浴时，旋开排水管上的盖子，需要灌溉的区域就会有水供应。

另一种形式是淋浴房给周边的绿化植物直接供水：平整室外淋浴器下面的地面，使场地的中心处最高，并逐渐倾斜至圆形的沟渠处。在这条沟渠里种植竹子、柳树、芦苇、紫罗兰等喜水湿的植物，或其他高大、生长迅速的植物，淋浴的同时会给这些植物浇水。如果你选择柳树，你可以把树枝搭接在一起，然后刮下树枝接触位置的树皮，用橡皮筋把树枝绑在一起，这些树枝会逐渐生长在一起，甚至会形成一道浓密的绿墙。

在菜园里节约用水的方法

覆盖薄膜是一种在土壤（或草坪）上建造即时菜园的方法，而不是通过挖掘土壤来建造菜园。秋季拆除菜园后，添加堆肥并种植覆盖作物。冬天里水分会逐渐渗入土壤，填充土壤颗粒之间的空隙。在春天，大约种植菜园前的一个月，修剪去除覆盖的作物，用一层纸板覆盖苗床，在纸板上剪开若干个小洞，在小洞中播种幼苗或大粒种子，之后在上面覆盖稻草或树叶等覆盖物。再或者，你还可以翻耕用作覆盖的作物，直接种植蔬菜或花卉。在你挖掘菜园苗床的时候一定别忘记加上覆盖物，覆盖物能使土壤保持湿润和疏松，抑制杂草生长，并鼓励有益的土壤微生物的繁衍。土豆、大蒜和大粒种子将通过厚厚的稻草或树叶覆盖物生长，而对于小粒种子，用稻草或树叶覆盖薄薄的一层，直到种子发芽，才可以在植株之间添加更多的稻草和覆盖物。

我们可以使用技术含量低的各种浇水方式：埋在多年生植物苗床或花园中的无釉陶罐类容器，可以持续地把水分供应给植物的根系。尽量选择容量为7.5—10L的罐子，用软管把罐子里灌满水，然后用一块石头或瓷砖把罐子顶部盖住。水会慢慢地通过土壤的孔隙渗入周边的土壤中。根据天气的不同，你大概每周要进行一到两次的给罐子供水的工作。

即使在干燥的气候条件下，只要有些许降雨，许多作物就可以进行旱作，不进行人工浇水。相对干旱条件下结出的桃子或番茄（"早熟女"品种）更加甜美。干旱条件下更适合种植番茄、南瓜等果菜类蔬菜，但植株间要保持1.8m的距离，并做好覆盖和保湿。

总结

请记住，最成功的家庭供水系统是逐渐发展起来的。我们建议大家，以一种耐心和适应的心态来了解和接近雨水花园。最近一项来自印度的雨水研究指出，其实人类收集雨水已经超过8000年了，通过不断的技术革新和提升来满足不断变化的需求和气候。从这个角度而言，如果你从小处和细节做起，慢慢地进行扩展，并不断地改进你的设计和技术，你最终会得到一个美丽的、功能性的、基本上可以自我维持的景观和花园，这一切都有利于你的庭院、你的邻居和你当地的道路系统。

169

新的伯恩斯岛餐厅坐落在涨潮分界线的正上方，在照片的前景中，展示的是相当数量的牡蛎已经在一个实验性的人工暗礁上繁殖

共建水环境

结语

171

在结语中，我们将注意力再次从家庭景观转移到雨水径流的分水岭。我们展示了园丁们将雨水花园技术与鲑鱼复苏、牡蛎养殖和城市食品生产线联系起来的一些方式和方法。通过这些简短的示例与展示，我们希望能激励你加入到世界各地数百万正在创造新雨水文化的人群的行列中来。

为了发展新的雨水文化，我们需要找到新的方法与技术，来建造花园、种植植物、动力发电、将雨水从一个地方转移到另一个地方，以及管理裸地和荒地等。如果你认为一个雨水花园对世界雨水资源面临的许多问题的影响是微不足道的，那就赶紧行动起来。在世界各地，人们正是在这一分钟将铁锹铲到土壤里，在他们的花园中或沿着当地的溪流重新种植消失的森林。越来越多的人集合在一起，以可持续的方式耕种土地，节约资源，恢复浸透污染物的湿地和移除阻碍雨水径流的水坝。你可能在明天就会加入他们，或者你早就这样做了，无论哪种方式，你的雨水花园都可以作为试金石，或者作为日常的生态合作成员来尝试这一切。

通过把本书的信息带入你的雨水花园，你的雨水花园将成为一块生动的海绵体，它减缓了雨水径流穿过各种景观的速度，并在到达最近的海滩之前过滤掉各种污染物。我们希望通过设计、建造和生活在一个雨水花园中，你可以对你所在社区的水文环境和改变雨水流向的技术与理念有最

新的认识。雨水花园从某一侧面展示了人们如何以一种生态合理的方式居住在某个特定的生态环境中，这是雨水花园最大的好处：住在沼泽地或者溪流附近并不意味着就要破坏它们。雨水花园改变了我们居住在空间的方式，它可以为我们找到在雨水循环中的位置，并带来全新的生态视角。

雨水花园的园丁们通过实践告诉我们：每天他们都会意识到，拥有一个雨水花园就意味着每一滴雨水最终都会到达一条水道，以及在沿途中都会吸收各种污染物。这种意识会向外渗透和传播，引导人们愿意去改变之前他们对环境造成的破坏以及这种惯性。一个雨水花园的存在就表明了如下概念，如果我们能在生活居住的地方改变我们的破坏行为，就没有必要等到去其他的地方再纠正这些错误的行为，与其对你的生活方式造成的有害影响感到内疚，不如想清楚如何能扩大你对社会和环境的有益影响。

合作是修复受损景观的关键。人类为实现互利可以与水资源、植物资源、动物资源和土地资源合作。雨水花园是园丁和雨水工程师与观赏植物、软体虫类、有益真菌和微生物之间的一种这样的协作形式，雨水花园的存在有助于渗透雨水和平衡营养物质。而涉及土地所有者、渔民利益、政府机构和生态系统的更大规模的合作通常会增加各种经济机会，恢复生态系统平衡，并创造绿色空间和社会联系等。例如在新奥尔良市附近，以

捕虾为生的渔民在环境保护主义者的帮助下共同制定了一个计划，一同处理人工湿地内的污水，因为湿地庇护了幼虾的生长，并提供了抵抗飓风的保护场所。在克拉姆—阿特河流域上，俄勒冈州南部和加利福尼亚州北部的部落、农民和渔民共同支持拆除四座水电大坝，因为大坝拆除后将增加洄游的鲑鱼数量，并创造以捕鱼为主的各种工作机会。华盛顿西北部的尼斯奎利河流域正在进行一项历时最长、同时也是最成功的流域修复合作项目。一切实践都表明雨水花园是25年来修复鲑鱼生存环境的最新最佳的工具。

尼斯奎利：重新开始与古老的鲑鱼的合作

　　尼斯奎利河从雷尼尔山的斜坡流向普吉特湾的土拨鼠聚居的沙地。在那里，当地的部落、土地所有者、城镇规划者和政府机构之间的合作正在改变着城市的分水岭和雨水分界线，更重要的是，也正改变着人们对其在生态系统中所处位置的看法与理念。

　　尼斯奎利河正以合作流域共同管理模式而闻名，但这条河最著名的其实是她作为20世纪70年代鱼类战争的爆发点。美国西海岸附近部落的渔民举行了大规模的捕鱼抗议活动，反对种族主义对捕鱼的规定，反对将部落捕捞三文鱼定为非法狩猎活动。早在19世纪50年代，尼斯奎利河条约的谈判代表莱斯基就坚持要保留尼斯奎利河下游流域的河边大草原，以及保留

扩大你对社会和环境的积极影响

▶ 使用非合成肥料，可以减少对当地小溪和海洋的污染和破坏。

▶ 种植一个可食用植物的雨水花园，利用雨水浇灌以减少其他的灌溉，也同时减少了长距离运输食物的需要。

▶ 一个可持续使用木材和管理森林的建设项目，可以保障鲑鱼无障碍洄游。

▶ 节约能源，支持利用庭院附近的太阳能和风能，减少对水电大坝和化石燃料的依赖。

▶ 用低流量模式代替动力水装置，可以保持湖泊和溪流中有更多的水资源。

173

当地的植物种植技术人员在一些当地的乔木和灌木上安装了特制的保护管，这些乔木和灌木是这些工作人员沿着奥霍普溪种植的，奥霍普溪是重要的三文鱼洄游流域

"在所有通常的和习惯性的场地和场所"捕鱼的权利……与该领土上所有的其他公民一样。尽管1857年签订的条约和随后的土地掠夺行为破坏了尼斯奎利的土地资源，但在整个20世纪50年代，许多尼斯奎利人靠捕鱼类和贝类过上了衣食无忧的日子。但是随后爆发了第二次世界大战，战后的人口激增造成了致命的后果，包括水力发电的发展、杀虫剂的流传，以及失控的商业捕鱼活动，这些都导致了鲑鱼数量的直线下降。州部的狩猎监督官员指责部落渔民，于是在美国各地的河流和湖泊沿线，展开了越来越暴力的逮捕和诱捕行动。

尼斯奎利河和普亚勒普河成为挑战各州渔业法规和条约权利的焦点。经过长达十年的法庭论辩，法庭、媒体和河流沿岸的居民部落在进行了十年的调解后，终于在1974年部落占了上风，赢得了这场官司。在美国诉讼华盛顿分水岭的案件中，雨果·博尔特法官认定部落渔民享有50%的捕捞鲑鱼的权利（不可收获的鲑鱼包括那些在河里产卵或被熊或海豹吃掉的鲑鱼）。雨果·博尔特法官还认定，各个部落有在与州和联邦野生动物机构平等的基础上管理自然资源的各种权力。

在尼斯奎利河流域出现的共同管理的方法，表明了该部落渔民在保护

生态环境和渔业等商业活动，该河流还需要修建水电大坝、恢复农业生产和林业伐木等问题。部落首先制定了一项雄心勃勃的鲑鱼恢复计划，该计划涉及了从雷尼尔山源头到普吉湾三角洲所有土地资源和水资源的利用。自博尔特大法官判决此案以来，尼斯奎利部落已经又重新回到法庭，就打捞贝类、建设堤防和涵洞等问题提起了诉讼，也包括协商有利于流域合作的各种方案。这些谈判在尼斯奎利河委员会的月度会议上进行，该委员会负责将当地政府、州和联邦资源机构、部落责任人、塔科马电力公司和流域土地所有者都召集到一起，共商流域合作等事宜。

自1987年成立以来，尼斯奎利河委员会保护了河岸的土地，恢复了河口的潮汐，创建了动植物漫滩，使河道变直并延伸，还协商了大坝运行的计划，以创造更自然的河流和雨水流量。尼斯奎利河部落酋长和自然资源管理经理乔治亚娜·考茨说，通过共同努力和相互尊重，理事会成员认识到他们有一个共同的目标：为后代留下干净的水资源、健康的森林栖息地和最多的鲑鱼。

为了让尼斯奎利河整个流域走上鲑鱼复苏的漫长道路，该委员会每年夏天都会在流域举办为期八周的培训课程。利用这门课程，尼斯奎利人向流域新来者传达他们通过至少12000年的管理所获得的经验和知识。这门课程虽然是免费的，但是参与者必须花40个小时自愿参加任何与流域健康发展相关的项目，从柳树种植到当地风景的绘画等，委员会还可以利用这次

鱼类、河流、土地资源和尼斯奎利人合法利益方面的机智和创造性。像太平洋西北部的其他部落一样，斯奎尼利部落成立了自然资源部，聘请了生物学家，并通过了捕鱼条例。小比利·弗兰克，一个经验丰富的渔场老手，成为尼斯奎利部落的渔业经理和西北印第安部落渔业委员会主席，该委员会由19个西华盛顿部落组成。委员会每年与州政府举行一次会议，确定捕鱼限制条件和各种管理活动，并聘请了大约50名生物学家、生态学家、计算机建模师和律师来制定和维护部落的各项管理计划。

部落的目标是恢复尼斯奎利河的

案例分析

雨水花园集群：可持续性的社区规模

地点： 美国华盛顿伊顿维尔

业主： 六个家庭

设计师： 获雨设计有限责任公司的大卫·海梅尔和玛丽莲·雅各布

建设时间： 2010年

雨水花园规模： 每座约11—14m²

年降雨量： 108cm

解决伊顿维尔的暴雨雨水污染，是恢复马塞尔河和奥普河（位于城镇两侧）流域鲑鱼栖息地的关键，这也是清理普吉特海峡的一个环节，普吉特海峡常年受到工业废弃物和城市暴雨径流的污染，这里的虎鲸是世界上受污染最严重的海洋哺乳动物之一。伊顿维尔的大部分雨水直接从马塞尔河流出，未经任何处理就流入了奥普河，马塞尔河在夏季和初秋的雨水流量很低，这时的河水对幼鱼来说过于温暖，对成年鲑鱼来说水位过低，无法逆流而上。但是当雨水花园中大量的雨水流到河流中后，将有助于增加马塞尔河的基本流量，这不仅使河水保持凉爽利于幼鱼生存，还能使成年鲑鱼更容易从尼斯奎利河的各个支流游到它们的产卵地和栖息地。

2009年8月，管理合作伙伴在其低影响开发与推广计划中，尝试了一种新颖的方法，即让整个社区在华盛顿的普亚勒普安装了由几个雨水花园组成的一个花园集群体。在此基础上，2010年1月又开始规划伊顿维尔的第二个雨水花园集群。到目前为止，雨水花园的工作一直集中在单个项目上，这将是华盛顿市第一个针对私人庭院安装的多重花园集群，其目的是揭示在一个已经开发的住宅区安装雨水花园存在的障碍，以及在同一时间安装更多的雨水花园可以获得怎样的雨水效率。事实证明，伊顿维尔存在的障碍与普亚勒普的障碍是相同的。尽量找到一位邻居，或者庭院主人，他们愿意在他们的院子里举办免费的雨水花园展示活动，唯一的条件是他们的雨水花园处在相邻的地块上。事实证明人们普遍对此活动感兴趣，但没有足够多的相邻房主响应创建和示范花园集群，但是到了三月份，这项活动取得了突破性的进展，当我们联系到鲍姆加特纳北路的一位房主时，她说曾经在小学校参与了一个雨水花园体验项目，已经对雨水花园充满了热情。于是在三周内，她又招募了五名相邻的房主，在她的社区里呈现了一种明显的积极协作的趋势。

这场雨水花园种植活动把邻居、朋友和社区联系在一起

176

续

培训的机会进行合作教育与宣传。

流域培训在启动委员会的雨水花园项目中也发挥了关键作用。当地的土地所有者和承包商大卫·海默尔在2006年参加了这门课程的培训。在完成了规定的志愿者参加培训时间的同时，他给尼斯奎利河委员会发了一封电子邮件，提到他希望将贷款机构、工程师、房地产经纪人和项目业主聚集在一起，以促进低影响开发和发展。这封邮件发给了华盛顿的一家叫作"管理合作伙伴"的非营利性机构，该机构与安理会合作，扩大了这个计划性项目。该管理合作伙伴于是聘请海默尔帮助启动伊顿维尔的低影响开发，伊顿维尔位于两条支流马塞尔河和奥普河交汇处的尼斯奎利河流域的中间地带。该委员会的地理与水文分析表明，如果恢复了这些河流，这些河流就可以提供鲑鱼的主要栖息地，但伊顿维尔的快速增长威胁到了河流水质的安全和河流内鲑鱼栖息地的结构。

开启雨水花园模式：部落的鲑鱼恢复协调员珍妮特·多尔纳认为，管理合作伙伴提倡的"雨水花园"运动意味着一个转折点，因为雨水花园在奥霍普溪沿岸的河岸种植、水质和鲑鱼恢复之间建立了明确的联系。萨利金住在伊顿维尔，并组织了六位邻居参加了"雨水花园"计划。她说，她开始仅仅是出于自我的动机来处理排水问题，排水不畅的问题让她的部分草坪变成了褐色。但是，通过建造和居住在一处雨水花园，她意识到了雨水花园的诸多好处。此后，金继续扩大她的积极影响，用一条可渗透雨水的人行道替换了原有的部分草坪，并安装了一个雨水桶用来收集雨水。

伊顿维尔市市长雷·哈珀对雨水花园的积极作用非常感兴趣，他力荐新建的城镇广场以雨水花园和透水路面为特色，让雨水充分渗入。现在，该城镇正在研究如何通过雨水花园、透水路面和蓄水池的组合来利用雨水，这样就可以彻底地清除雨水下水道了。这样的项目不仅会减少城镇活动对鲑鱼的负面影响，而且会在城镇范围内创造野生动物栖息地和各种绿地，扩大和发展各种积极的影响。

今天，尼斯奎利河流域鲑鱼的生存环境早已经有所好转。随着潮汐重新恢复到河口，幼鱼在游到普吉特湾之前会变得壮大和强壮起来。当它们返回产卵的时节，四分之三的河岸地区为产卵的鲑鱼提供了庇护，而且每年有更多阴暗的回水区可供它们产卵。这些属于尼斯奎利的合作项目展示了雨水花园如何有助于流域的恢复，以及生机勃勃的流域如何支持健康的社区和可持续发展的经济。管理合作伙伴安装的每一处雨水花园集群都会使河流中的水质变得更干净，并为社区林业和农业等可持续发展的举措建立起长期的社区支持。正如乔治亚娜·考茨基所指出的：尼斯奎利部落改善收获鲑鱼和贝类的目标，将为流域所有居民带来更大的经济繁荣和更高的生活质量。

安装的各项准备工作在5月份进展迅速，包括单个雨水花园的设计和初具规模的建设。此外，还为各种活动进行了详细的规划，为周末与志愿者和学生一起举办的社区种植活动做了准备，并由一位著名的园艺专家主持了一次现场直播，还为与当地环保团体、企业、尼斯奎利部落和伊顿维尔镇的合作积极准备。业主们热情高涨，全力以赴，在整个项目中一直积极地互相帮助和充分合作。

场地准备和社区种植活动在一周内就完成了，整个雨水花园的安装过程非常成功。在星期六的种植活动中，志愿者们完成了雨水花园的建造、种植和覆盖工作，安装了6个雨水花园。60多名志愿者参与其中，一群从未谋面或很少交谈过的邻居们，亲密无间地朝着一个共同的目标努力合作，这种积极的结果大大超出了开始的预期。这种模式将继续延续和推广下去，用于指导普吉特湾地区的其他社区安装雨水花园集群。

从这个项目中获得的主要经验是：

▶ 在单个花园的基础上，集群式雨水花园的建设比单个雨水花园的建设可节省30%—35%的资金。

▶ 在建设一个雨水花园集群中，招募社区的雨水花园冠军是培训和招募房主过程中最重要的因素。

▶ 成功是鼓舞人心的。社区对这些花园集群安装的热情，为2011年在伊顿维尔和普亚卢普规划和安装更大的花园集群提供了额外的资金。

▶ 在司法管辖区、部落内部、当地企业、非营利组织和感兴趣的居民之间建立不同的合作伙伴关系，对于维持这种行为的长期性至关重要。

伊顿维尔附近一个完整的雨水花园

甜腻腻的美食家：修复查尔斯顿沼泽的牡蛎

在南卡罗来纳州查尔斯顿周围，潮水和小溪流入草甸沼泽。海面上隆起的一处沙地岛屿被橡树所覆盖，这就是伯恩斯岛，在发生潮汐的时候均高于海平面。岛上的一家同名餐馆以其酿造的啤酒和烤牡蛎而闻名。2006年的一场火灾摧毁了这家餐馆原有的餐饮功能，使用不易燃木材建设新的LEED（能源与环境设计先锋）银质认证餐厅时，以传统的低地设计取代了安装现代空调。当顾客走上斜坡到二楼的餐厅时，他们可以近距离看到一个在邻近的建筑物上建造的活性屋顶，这是由景观设计师萨姆·吉尔平设计的。吉尔平正在将一个旧水池改造成一个雨水蓄水池，作为清洗牡蛎和淋浴的用水。最终，蓄水池会将多余的水溢流到一个超大的雨水花园中，这个超大的雨水花园可以吸收

来自热带风暴的雨水径流，一小时内可以集雨达20cm。

吉尔平认为伯恩斯岛是一个绝佳的尝试机会，可以通过扩繁软体动物的数量来突出城市雨水径流和查尔斯顿港健康之间的联系，软体动物是当地的主食，在这里人们可以享受高级餐厅的牡蛎菜单和后院的牡蛎烧烤。牡蛎和其他贝类还是净化水质的有益生物，可以从它们周围的水中有效过滤营养物和碎屑，它们对城市和农业活动中产生的径流中的沉积物和其他污染物也很敏感。但是随着社会和经济的发展，它们在世界各地河流中的数量已经严重下降。伯恩斯岛餐厅第一层的博物馆正在建设中，将展示牡蛎产业的历史与现状、其衰落的环境因素以及恢复策略等。

在伯恩斯岛码头下的淤泥处，尝试开展一项修复工程，那里通常会有人垂钓白鲸、比目鱼、红鼓鱼和黑鲈鱼。在海水的

望向古老的伯恩斯岛餐厅和岸边的人造牡蛎礁岛

179

边缘，牡蛎生长在附加了人工基质的长方形垫子中，这些被称为人工珊瑚礁的构筑物，越来越多地分布在牡蛎曾经繁衍生息的水域，那里的水质足够干净，可以养活牡蛎。牡蛎开始以浮游生物的形式生活，然后定居在旧的牡蛎壳上，这期间用来生出新的牡蛎壳。因为农场或裸地的土壤遭到了侵蚀和流失，已经掩埋了位于河口处的古老的牡蛎礁，应运而生的人工珊瑚礁为幼小的牡蛎提供了一个栖息处，直到它生出新的贝壳并被其完全覆盖。据查尔斯顿的埃米莉·阿戈斯托说，当地人极其喜欢本地的牡蛎而不是其他地方的牡蛎，这种偏好和当地食物运动的兴起，对当地经营牡蛎的人来说是一种恩惠。查尔斯顿餐馆以低海拔地区独特的烹饪而闻名，最近还专注于开发当地的肉类、蔬菜和其他贝类。一个区域性的休闲餐饮连锁店正在一个牡蛎养殖场开始建设，以满足人们餐饮时的各种即时需求，他们使用了类似于伯恩斯岛的人工珊瑚礁，当地的食物运动同时改善了河口地区的牡蛎经济和水质。

城市公共用地花园，沙漠果园，养鱼的温室

许多城市正在把路边的狭长地带（人行道和路缘石之间的狭长地带）改造成街区的雨水花园，收集和过滤沿街流动的雨水。这些花园通常以本地植物为特色，并提供由美丽的、耐旱的植物构成的野生动物栖息地。但是位于亚利桑那州图森市的沙漠经营者，通过在路边的雨水花园盆地种植牧豆树和铁力木这样的沙生植物，其收益更好。布拉德·兰开斯特先生，沙漠经营者的共同创始人，他将街道果园视为一类新的城市公共用地和社区食物资源，可以在需要的时候维持图森市人的生计。在这座城市里，许多居民是从凉爽湿润的地区迁移过来的，因此街道果园项目发挥着至关重要的文化和生产功能，通过将可食植物带到他们的花园和厨房，还能帮助植物移植者欣赏沙漠植物的美丽和多样性。

在当代城市中，公共空间的概念似乎不太适用，但沙漠收获者眼里的路边公共空间是实用的，能实实在在地将城市公共空间转变为悠久的、传统的生产性空间。直到1830年，这之前的波士顿城市公园里一直可以放牧奶牛。二战期间，纽约人把汤普金斯广场变成了菜园，140万英国家庭在菜园中种植蔬菜。近年来，土地所有者和志愿者开始恢复伦敦城市绿化带中的森林和绿篱，伦敦绿化带是位于伦敦郊区的一个大型社区森林。20世纪70年代，墨尔本的园丁们在一个垃圾填埋场建起了环境战略教育和研究中心，该中心现在的特色是拥有可食用的本土花园、拥有能收集雨水的咖啡馆、可处理灰水的湿地系统和一系列雨水花园集群。而费城和底特律的一群园丁，则把一处空地变成了由果树和鲜花环绕的社交聚会场所。密尔沃基电力公司和底特律夏季公司等机构与城市市政部门合作，结成了合作伙伴关系，在城市公共废弃地和工业废弃地上建立农场，并在美国率先

创造出新的经济增长点。例如美国著名的铁锈地带曾是一个充满活力的钢铁工业区，废弃之后被沙漠收获者们改造成了生产性农场。像沙漠收获者一样，这些合作伙伴强调在当地种植粮食的文化效益：不仅增加了获得健康食品的机会，分享了传统的烹饪活动，还能通过集体性的合作为共同的利益培养一致的社区精神。

电力公司的创始人威尔·艾伦在城市农场中，将食物垃圾循环成堆肥，改善了城市的粮食安全，发展了可持续经济，他因此而获得了国际界的认可。为了在密尔沃基寒冷的冬天种植可食性植物，电力公司为此开发了水培技术，这是一套利用循环水和生物过滤技术在温室里养殖鱼类和种植植物的系统。2010年又安装了一个68500L的雨水收集系统，用来从温室屋顶收集雨水径流，鲈鱼、鳟鱼和罗非鱼在蓄水池中畅游。在收集的雨水中添加适当浓度的硝酸盐，促进植物生长，然后富含硝酸盐的雨水被用来灌溉作物，太阳能泵再将经过植物净化后的水送回蓄水池。雨水补充了蓄水池里需要的水，也补充了植物蒸发出去的水分。

总结

这些案例说明了雨水花园在与自然生态系统的合作中所创造的更大的延伸性。贯穿其中的雨水花园的主题是可持续的发展和安全性的食品生产。如果人们打算居住在一个流域附近，他们需要在那里获取食物，那么倡导食品运动的前提，即是所有人都应该得到新鲜的、健康的食品。艾伦将这一运动称为"优质食品革命"，并将经济效益、健康和环境效益作为最终目标。在密尔沃基，艾伦希望恢复非裔美国人的农业传统，为城市农民创造良好的生计。在尼斯奎利河上，小比利·弗兰克倡导的恢复鲑鱼生产的目标是努力为部落成员创造100个永久性捕鱼的工作机会，并为其他更多的人提供生计。

无论这种食物是鲑鱼、牡蛎、鲈鱼还是地中海鲈鱼，生产它们都需要与雨水合作，通过与雨水花园的合作理念来适应当地的气候和需求。我们希望您的雨水花园能激励您，在您的社区和周围寻找类似的合作项目，比如您当地的河流、溪流或河口。无论你喜欢写作或植树，画鲑鱼产卵的图片或统计数量，指导年轻人或组织老年人，您的流域都需要您的参与。在您的庭院景观中与人、植物、岩石、动物和雨水的持续合作，将扩大您的积极影响，继而超越您最渴望的梦想。

生态区

地质、土壤、地形、植物、气候、水资源和人类相互影响和相互作用，

产生了独特的生态小环境，又称生态区。生态区大于生物群落（例如落叶林地或柏树沼泽地），包括许多流域和小气候环境。

根据世界野生动物联合会的分类系统，我们介绍了五个生态区域，它们共同涵盖了北美、英国、澳大利亚和新西兰的大部分地区（有关世界生态区的地图，请参见wwf.panda.org/ about_our_earth/ ecoregions/ about/ habitat_types/ selecting_terrestrial_ecoregions/）。这些生态区包含许多小流域和生物群落，并且它们在气候类型和土壤类型上都非常相似，因此分布在世界各地的相同生态区，都可以种植许多相同的植物。我们希望对北美、澳大利亚和英国的生态区域的简要概述，能够帮助您从我们给出的植物名录和其他的雨水花园手册中选择合适的植物种类。

温带针叶林

在英国，一片由苏格兰松树、桦木、欧洲花楸、白杨、刺柏和橡树组成的广阔林地，曾经覆盖了苏格兰的大部分地区，如今只剩下1%的规模。在北美，针叶林从加利福尼亚延伸到阿拉斯加，覆盖了大部分的落基山脉，也覆盖了美国东南部从北卡罗来纳州到路易斯安那州的低海拔地区。沿着北美洲的海岸线，凉爽湿润的气候和肥沃的土壤支撑着由巨大的雪松、冷杉和松树形成的针叶林，也孕育着养育着众多鱼类的河流。降雪落在沿海山脉的高海拔地区，那里的夏季凉爽干燥。从阿拉斯加内陆，经过不列颠哥伦比亚省和阿尔伯塔省，到新墨西哥州和加利福尼亚东部，以及更高的落基山脉、内华达山脉和喀斯喀特山脉共同构成了北美西部的主干。尽管森林覆盖着这些山脉，这里的气候依然夏季少雨炎热，冬季降雪寒冷，一路上布满了岩石。北部地区的降雨量增加，从新墨西哥州和内华达州南部平均每年30cm增加到奥林匹克雨林地区的每年375cm。加拿大南部的夏天又热又干，所以分布和生长在这里的植物需要忍受极端的温度和湿度。

针叶树生长在营养含量很低的贫瘠土壤中。分布在英国和北美的史前冰川区，土壤的排水能力可能很差，这对那些想要建造超大盆地、并在季节性干旱的春季开展收集雨水试验的园丁们来说，的确是个不小的挑战。

温带阔叶混交林

在北美，这个最大的生态区从大西洋海岸向西延伸大约650km，进入得克萨斯州东部、俄克拉荷马州、密苏里州、爱荷华州和明尼苏达州，包括波士顿和华盛顿特区等大城市，以及北美五大湖附近的地区，如芝加哥、底特律和多伦多等。尽管该生态区内部的温度差异很大，但降雨模式相似。降雨量在每年100—175cm之间，大部分降雨发生在夏季（沿海地区的飓风季节）。丰富的降雨维持着茂密的落叶林，形成了富饶的有机土壤。在低海拔地区，松林和浅沼泽持续影响着干燥的地区，柏树沼泽和湿地沼泽逐渐让位给开阔的水域。

在澳大利亚，这一生态区覆盖了塔斯马尼亚，沿着维多利亚、新南威尔士和昆士兰海岸线分布：包括墨尔本、悉尼和布里斯班市区。桉树和金合欢主要生长在澳大利亚温带阔叶林和混交林中。从昆士兰东南部延伸至澳大利亚南部的温带森林气候温和舒适，雨量充沛，在那里形成了独特的和开阔的桉树林地。在新西兰北部有温带雨林和高原森林分布。

在英国的低海拔地区，山毛榉林曾统治英格兰东南部低洼的白垩地带，而凯尔特人居住地的阔叶林曾覆盖英国西北部更高、更干燥的火山岩地区。

遵循着生物群落的多样性，许多布置雨水花园的植物种类在新英格兰及其南部地区、奥克兰和埃塞克斯也同样应用。虽然这个生态区通常是潮湿的，但在排水良好的沙质土壤中建设的雨水花园，应设计成具备同时承受干旱和洪水环境的功能。

草原、热带草原和灌木丛

在北美，大草原从阿尔伯塔、萨斯喀彻温和马尼托巴省延伸约1500km，向南穿过美国大平原，到达得克萨斯州南部和邻近的墨西哥，从印第安纳州西部到落基山脉的山麓，再到墨西哥东北部，绵延约600km。降雨量从俄克拉荷马州东部每年超过125cm减少到得克萨斯州西部每年少于25cm。

热带草原沿着澳大利亚北部海岸延伸成宽广的地带，在昆士兰州和新南威尔士州内陆地带形成温带草原。新西兰南部海岸也以草原为主。

该生态区以草原、厚重的土壤、炎热的夏季和寒冷的冬季为特征。因此，雨水花园里的植物需要经历极端的温度和频繁的洪水。在干旱地区，植物还必须具备耐旱能力才能生存。

沙漠和干燥气候中的灌木丛

在北美，沙漠和干旱环境中的灌木丛从北部的不列颠哥伦比亚东部延伸到南部的加利福尼亚州和墨西哥北部。这个生态区位于喀斯喀特山脉、内华达山脉和马德雷山脉的非降雨区域中，一年中的大部分时间，该地区蒸发或蒸腾的水量多于降雨量。索诺兰沙漠夏季的温度可达110℉（43℃），大盆地冬季的温度为-5℉（20℃）。在澳大利亚，这个生态区主要分布在内陆地区，在广大的内陆地区占主导地位。

在大多数沙漠中，寒冷的夜晚接替着灼热的白天，因为夜里的云层阻挡了辐射的热量。尽管气候条件十分恶劣，但其气候和物种的多样性支持了丰富的栖息地的存在。许多季节性降雨都是短暂的，反映了可利用雨水资源的季节性。土壤中过多的矿物质抑制了排水，因此植物根系在增加土壤渗透中起着至关重要的作用。草坪和多年生草本植物在雨水花园的潮湿地带生长得最好，而耐旱的灌木和多肉植物则在干燥的山坡和护堤上生长繁茂。

地中海森林、林地和灌木丛

地中海地区的生物群落以独特的动植物物种为特色，能够应对长时间炎热和少雨的夏季等逆境条件。大多数植物的生长都依赖于高温，这意味着它们需要有规律的高温环境保持生长和再生。在北美，这个相对较小的生态区从加利福尼亚州北部延伸到加利福尼亚州南部。它西邻太平洋，东邻内华达山脉和沙漠，它的气候特点是温暖和温和的，它的植被由灌木丛与开阔的草原和壮阔的橡树林地混合。澳大利亚西南部和中南部的地中海生物群落，具有独特的植物多样性，有5500多种灌木，其中70%是当地特有的物种。

地中海地区的降水量变化非常大，降雨量在5—62.5cm之间，并且逐年变化。只有冬天才会下雨，而本地植物在雨季生长，在六月的旱季休眠。来自全球其他地区的地中海气候型的植物，包括地中海盆地、智利和南非等地，是加利福尼亚和澳大利亚地中海雨水花园的良好候选植物，而其他地区的植物则需要夏季灌溉才可能生长。

参考资料

这个资源列表

包含了我们发现的最有用和最鼓舞人心的材料，因为还有更多的资源可以找到，所以请继续补充这个列表，直到找到最能激励你的材料。

书籍和电影

Agarwal, Anil, and Sunita Narain. 1997. **DYING WISDOM: RISE, FALL AND PO- TENTIAL OF INDIA'S TRADITIONAL WATER HARVESTING SYSTEMS**. Centre for Science and Environment, New Delhi, India

［对印度的传统雨水收集系统（处于不同气候类型和不同景观类型）进行了一个吸引人和有趣的调查。］

Dunnett, Nigel, and Andy Clayden. 2007. **RAIN GARDENS: MANAGING WATER SUSTAINABLY IN THE GARDEN AND DESIGNED LANDSCAPE**. Timber Press, Portland, Ore.

（这本书是为景观设计师、花园设计师和园丁师而写的，本书以住宅区和公共场所的雨水花园为特色案例，向读者展示了低影响开发的发展历史和对雨水循环的科学介绍。）

Dunnett, Nigel, Dusty Gedge, John Little, and Edmund C. Snodgrass. 2011. **SMALL GREEN ROOFS: LOW-TECH OPTIONS FOR GREENER LIVING**. Timber Press, Portland, Ore.

（本书展示了世界各地的小规模的绿色屋顶，包括棚屋的屋顶、花园办公室、工作室、车库和自行车棚屋的屋顶，以及一些类似的社区项目。作者详尽地描述了设计、建造、安装，以及如何维护每一个绿色屋顶的技术集成。）

Kinkade-Levario, Heather. 2007. **DESIGN FOR WATER: RAINWATER HARVEST- ING, STORMWATER CATCHMENT, AND ALTERNATE WATER REUSE**. New Society Publishers, Gabriola Island, B.C.

（这本富有技术含量的书，提供了一个全面的雨水收集池的技术概述，并讨论了如何应用高科技的中水系统和设计暴雨雨水收集区。）

Lancaster, Brad. 2006. **RAINWATER HARVESTING FOR DRYLANDS, VOL. 1: GUIDING PRINCIPLES TO WELCOME RAIN INTO YOUR LIFE AND LANDSCAPE**. Rainsource Press, Tucson, Ariz. Lancaster, Brad. 2008. **RAINWATER HARVESTING FOR DRYLANDS AND BEYOND, VOL. 2: WATER-HARVESTING EARTHWORKS**. Rainsource Press, Tucson, Ariz.

（这些全面的、可访问的指南涵盖了雨水收集的各个方面，充满了有趣而有用的雨水信息。强烈推荐给想尝试综合设计的雨水园丁们。网址：www.harvestingrainswater.com。）

Ludwig, Art. 2005. **WATER STORAGE: TANKS, CISTERNS, AQUIFERS, AND PONDS FOR DOMESTIC SUPPLY, FIRE, AND EMERGENCY USE**. Oasis Design.

（本书是一本关于在独立的船坞般的庭院中收集雨水的入门读物，无论你生活在哪种类型的庭院，它都是一本鼓舞人心的书。它包括对雨水问题的广泛理解、对集水系统设计的深入考虑，以及基于作者雷诺兹多年实践经验的许多创造性的解决方案和策略。）

Pepin Silva, Elizabeth. 2010. "**SLOW THE FLOW: MAKE YOUR LANDSCAPE ACT MORE LIKE A SPONGE.**"

（这部30分钟的电影将个人和社区为减缓雨水径流而创建的雨水花园项目带到了人们的生活中。书中重点项目的实施方法和技术并不复杂，造价便宜，而且很漂亮很实用——这为充分休息和不耙树叶或不浇灌草坪提供了很好的理由。网址：http://vimeo.com/14722643。）

Reynolds, Michael. 2005. WATER FROM THE SKY. Solar Survival Press, Taos, N. M.

（本书是一本关于在独立的船坞般的庭院中收集雨水的入门读物，无论你生活在哪种类型的庭院，它都是一本鼓舞人心的书。它包括对雨水问题的广泛理解、对集水系统设计的深入考虑，以及基于作者雷诺兹多年实践经验的许多创造性的解决方案和策略。）

Schwenk, Theodor. 1965. **SENSITIVE CHAOS: THE CREATION OF FLOWING FORMS IN WATER AND AIR**. Rudolph Steiner Press, London.

（一本诗意地描述了自然界中雨水流动模式的经典书籍。作者施温克解释了所有自然生态系统中反复出现的模式和节奏，无论是雨滴撞击地表现象还是雨滴再循环过程。）

Wilkinson, Charles F. 2006. **MESSAGES FROM FRANKS LANDING: A STORY OF SALMON, TREATIES, AND THE INDIANWAY**. University of Washington Press, Seattle.

（这段口述的历史，涵盖了为捕鱼而发生的战争和小比利弗兰克30年来为恢复尼斯奎利河流域所做的工作。任何对部落主权和生态恢复感兴趣的人而言，这的确是一本好书。）

Woelfle-Erskine, Cleo, July Oskar Cole, Laura Allen, and Annie Danger. 2007. **DAM NATION: DISPATCHES FROM THE WATER UNDERGROUND**. Soft Skull Press, New York, N.Y.

（本书概述了美国的水资源发展历史和世界各地当前的水资源战争，以及可持续的水资源循环方案。书中具体包括了雨水收集、中水再利用和生态洗浴等的实用科普知识。）

Woelfle-Erskine, Cleo. 2003. **URBAN WILDS: GARDENERS' STORIES OF THE STRUGGLE FOR LAND AND JUSTICE**.water/under/ground publications, Oak- land, Calif.

（书中收集了克利奥早期撰写的关于城市雨水花园的文章，对城市可持续农业的发展给予了启蒙和指导。）

雨水花园指南

每年都有越来越多的国家、州和省提倡雨水花园理念，随之而来的是更多的地方使用雨水花园资源。如果你找不到适合你所在地区的雨水花园，请联系当地的市政机构，鼓励他们积极使用合适的雨水花园，或者成立自己的社区小组，引导和教育公众，在你所在的地区安装雨水花园。

10,000 RAIN GARDENS: www.rainkc.com （North America）

AUSTRALIAN NATIONAL BOTANICAL GARDEN: http://anbg.gov.au/ (Australia)

AUSTRALIAN NATIVE PLANT SOCIETY: http://anpsa.org.au/index.html (Australia)

BRITISH WILDFLOWER PLANTS: http://www.wildflowers.co.uk/ (Europe)

LINGFIELD RESERVES (suitable species listed in Damp Ground and Pond Margin): http://www.lingfieldreserves.org.uk/wetland plants.htm (Europe)

NATIVE RAIN GARDEN: http://www.nativeraingarden.com (North America, Europe, and Australia)

RAIN SCAPING: http://www.rainscaping.org (North America)

THE ROYAL TASMANIAN BOTANICAL GARDEN: http://www. rtbg. tas. gov. au/ file. aspx?id =553 (Australia)

THREE RIVERS RAIN GARDEN ALLIANCE: raingardenalliance.org (North America)

RAIN GARDEN NETWORK: http://www.raingardennetwork.com

SOUTH CAROLINA RAIN GARDEN MANUAL: http://media. clemson. edu/ public/ restoration/ carolina%20 clear/ toolbox/publication_ raingardenmanual_022709b.pdf

TEXAS MANUAL ON RAINWATER HARVESTING: http://www.twdb.state.tx.us/ publications/ reports/ rainwaterharvestin gmanual_3rdedition. pdf

TORONTO HOMEOWNER'S GUIDE TO RAINFALL: http://www.riversides.org/ rainguide/ index.php

TUCSON, ARIZONA, RAINWATER HARVESTING MANUAL: http://dot.ci.tucson. az.us/ stormwater/ downloads/ 2006WaterHarvesting.pdf

WISCONSIN RAIN GARDENS: A HOW-TO MANUAL FOR HOME OWNERS: http://dnr.wi.gov/runoff/rg

UNITED KINGDOM WILDFOWL AND WETLANDS TRUST: http://www.org.uk/ our-work/ wetland- habitats/ rain-gardening

植物

当地的苗圃是提供适合你雨水花园的最佳植物资源。这里有太多的植物名录要列出来，所以找一些你附近的地方，向工作人员询问你所在地区喜水湿的植物种类。像上面列出的植物名录一样，雨水花园指南里面也有很好的植物信息。以下是一些拥有关于雨水花园植物的优秀信息数据库的在线资源。

10,000 RAIN GARDENS: www.rainkc.com (North America)

AUSTRALIAN NATIONAL BOTANICAL GARDEN: http://anbg.gov.au/ (Australia)

AUSTRALIAN NATIVE PLANT SOCIETY: http://anpsa.org.au/index.html (Australia)

BRITISH WILDFLOWER PLANTS: http://www.wildflowers.co.uk/ (Europe)

LINGFIELD RESERVES (suitable species listed in Damp Ground and Pond Margin): http://www.lingfieldreserves.org.uk/wetland_plants.htm (Europe)

NATIVE RAIN GARDEN: http://www.native-raingarden.com (North America, Europe, and Australia)

RAIN SCAPING: http://www.rainscaping.org (North America)

THE ROYAL TASMANIAN BOTA-NICAL GARDEN: http://www.rtbg.tas.gov.au/file. aspx?id =553 (Australia)

THREE RIVERS RAIN GARDEN ALLIANCE: raingardenalliance.org (North America)

TOHONO CHUL PARK (DESERT PLANTS): www.tohonochulpark.org (North America)

水政策与教育

BRAD LANCASTER (www.harvestingrainwater.com) shares useful technical information, photos, videos, plant lists, and an up-to-date listing of water projects and suppliers, mostly in the American Southwest, but with some international links.

GREYWATER ACTION (www.greywateraction.org) features photographs and plans for rainwater harvesting, greywater, and composting toilet systems, as well and policy alerts and a list of workshops. California and U.S. focus, with an emphasis on urban systems.

HARVEST H2O (http://harvesth2o.com) includes links to current water news, case studies and research, how- to instructions, community blog, and other resources.

OCCIDENTAL ARTS AND ECO-LOGY CENTER (http://oaecwater.org) produces handbooks and reports on rainwater harvesting and watershed literacy, with a rural, Mediterranean climate focus.

THE COMMUNITY COLLAB-ORATIVE RAIN, HAIL, AND SNOW NETWORK (www.cocorahs.org) is a group of volunteers working together to measure precipitation across the nation. If you become a member, you receive free training on how to check your rain gauge, then keep track of daily totals and report them to the network. Look on their website for volunteers in your area—you can use their rainfall data as you design your rain garden.

案例研究和论坛

这是一个简短的案例名单，在他们所在

的地区实施雨水花园。参考这些案例研究的内容，在你自己的雨水花园里寻找设计灵感。

CENTRE FOR EDUCATION AND RESEARCH IN ENVI-RONMENTAL STRATEGIES, a community eco-park in Melbourne that features rainwater harvesting and greywater systems, among other sustainable systems: http://www.ceres.org.au/greentech/water (Australia)

GREEN INFRASTRUCTURE WIKI: http://www.greeninfrastructurewiki.com/page/Case+Studies%3A+Planning+and+Policy (North America and the United Kingdom)

KINGSTON, VICTORIA, RAIN GARDEN SITE: http://www.kingston.vic.gov.au/Page/ page.asp?Page_Id=1429 (Australia)

LAKE SUPERIOR STREAMS: http://www.lakesuperiorstreams.org/stormwater/toolkit/raingarden.html (North America)

RAIN GARDEN NETWORK: http://www.raingardennet- work.com/photos.htm (North America)

STRINGYBARK CREEK RAIN GARDEN PROJECT in Mount Evelyn, Victoria, part of a research program co- ordinated by the University of Melbourne and Monash University (videos and case studies): http://www. urbanstreams. unimelb.edu.au (Australia)

SUSTAINABLE GARDENING AUSTRALIA: http://www.sgaonline.org.au (Australia)

WATER BY DESIGN, showing water-sensitive urban design projects in the Brisbane area: http://waterbyde- sign.com.au/case-studies (Australia)

WATER-SENSITIVE URBAN DESIGN, showing projects in the Melbourne area: http://wsud. melbournewater. com.au/content/case_studies/case_studies.asp (Australia)

植物名录

P40

▼裂叶桤木（*Alnus viridis* ssp. *sinuata*）

▼日本枫（*Acer palmatum*）

▼藤槭（*Acer circinatum*）

▼花楸属（*Sorbus*）

▼柳树属（*Salix*）

P47

▼木贼属（*Equisetum*）

P51

▼桃树（*Prunus persica*）

▼接骨木属（*Sambucus*）

▼欧丁香（*Syringa vulgaris*）

▼椭圆楔叶（*Symphyotrichum oblongifolium*）

P52

▼红花蚊子草（*Filipendula rubra*）

▼红花半边莲（*Lobelia cardinalis*）

▼树莓属（*Rubus*）

P120

▼高丛薹草（*Carex appressa*）

▼野生薹草（*Carex comosa*）

▼腐生薹草（*Carex obnupta*）

▼丛生薹草（*Carex stricta*）

▼沼泽荸荠（*Eleocharis palustris*）

▼东方羊胡子草（*Eriophorum angustifolium*）

▼锐棱荸荠（*Ficinia nodosa*）

▼沙水韭（*Isoetes histrix*）

▼尖叶灯心草（*Juncus acuminatus*）

▼灯心草（*Juncus effusus*）

▼黄花灯心草（*Juncus flavidus*）

▼托氏灯心草（*Juncus torreyi*）

▼深绿藨草（*Scirpus atrovirens*）

▼小果藨草（*Scirpus microcarpus*）

▼软茎藨草（*Scirpus validus*）

▼小香蒲（*Typha minima*）

▼越橘（*Vaccinium vitisidaea*）

▼蔓越莓（*Vaccinium macrocarpon*）

▼卡玛百合（*Camassia*）

▼珀希鼠李（*Rhamnus purshiana*）

▼荚果蕨（*Matteuccia struthiopteris*）

▼蓝莓（*Vaccinium ovatum*）

▼白珠树属（*Gaultheria*）

▼"富有"甜柿（*Diospyros kaki* var. *Fuyu*）

▼美洲山杨（*Populus tremuloides*）

▼截嘴薹草（*Carex caryophyllea* 'The Beatles'）

▼观赏葱（*Allium cernuum*）

▼紫锥菊（*Echinacea purpurea*）

▼卡玛百合（*Camassia*）

▼刺羽耳蕨（*Polystichum munitum*）

▼穗乌毛蕨（*Blechnum spicant*）

▼北美白珠树（*Gaultheria shallon*）

P122

▼大须芒草（*Andropogon gerardii*）

▼紫色三芒草（*Aristida purpurea*）

▼拂子茅（*Calamagrostis canadensis*）

▼小盼草（*Chasmanthium latifolium*）

▼发草（*Deschampsia caespitosa*）

▼草地大麦草（*Hordeum secalinum*）

▼多须草（*Lomandra longifolia*）

▼芒（*Miscanthus sinensis*）

▼酸沼草（*Molinia caerulea*）

▼粉黛乱子草（*Muhlenbergia capillaris*）

▼柳枝稷（*Panicum virgatum*）

▼狼尾草（*Pennisetum alopecuroides*）

▼细茎针茅（*Stipa tenacissima*）

P124

▼蓍（*Achillea millefolium*）

▼沼泽乳草（*Asclepias incarnata*）

▼新英格兰紫菀（*Aster novae-angliae*）

▼蓝草百合（*Caesia calliantha*）

▼柔毛白头翁（*Chrys-ocephalum apiculatum*）

▼山菅兰（*Dianella*）

▼西方荷包牡丹（*Dicentra formosa*）

▼紫锥菊（*Echinacea purpurea*）

▼黄旗鸢尾（鸢尾）（*Iris pseudacorus*）

▼狭叶薰衣草（*Lavandula angustifolia*）

▼蛇鞭菊（*Liatris pycnostachya*）

▼蓝花半边莲（*Lobelia siphilitica*）

▼千屈菜（*Lythrum salicari*）

▼拳参（*Persicaria bistorta*）

▼黑心金光菊（*Rudbeckia hirta*）

▼一枝黄花（*Solidago rigida*）

▼花柱草（*Stylidium graminifolium*）

▼丛生蓝铃花（*Wahlenbergia communis*）

P126

▼大皮蕨（*Acrostichum danaeifolium*）

▼铁线蕨（*Adiantum capillus-veneris*）

▼铁角蕨（*Asplenium scolopendrium*）

▼羊蹄盖蕨（*Athyrium filix-femina*）

▼鱼骨水蕨（*Blechnum nudum*）

▼扇羽阴地蕨（*Botrychium lunaria*）

▼欧洲鳞毛蕨（*Dryopteris filix-mas*）

▼美国球子蕨（*Onoclea sensibilis*）

▼桂皮紫萁（*Osmunda cinnamomea*）

▼欧紫萁（*Osmunda regalis*）

▼加州凤尾蕨（*Polypodium californicum*）

▼剑齿蕨（*Polystichum munitum*）

▼沼泽蕨（*Thelypteris palustris*）

▼弗吉尼亚狗脊蕨（*Woodwardia virginica*）

P127

▼菖蒲（*Acorus calamus*）

▼西细辛（*Asarum caudatum*）

▼号角藤（*Bignonia capreolata*）

▼春薹草（*Carex caryophyllaea*）

▼维吉尼亚铁线莲（*Clematis virginiana*）

▼虹美石竹（*Dianthus gratianopolitanus*）

▼智利草莓（*Fragaria chiloensis*）

▼卵叶金鸾花（*Goodenia ovata*）

▼铺地珊瑚豆（*Kennedia prostrata*）

▼俄勒冈州卡斯基德葡（*Mahonia nervosa*）

▼桃金娘科植物（*Myoporum parvifolium*）

▼粉色西番莲（*Passiflora incarnata*）

▼刻叶过江藤（*Phyla incisa*）

▼蓝色沼泽草（*Sesleria caerulea*）

▼蔓生蓝莓（*Vaccinium crassifolium*）

▼俄勒冈州葡萄（*Mahonia repens*）

▼洋杨梅（*Arbutus unedo*'Compacta'）

▼野生草莓（*Fragaria*）

P128

▼袋鼠爪属（*Anigozanthos*）

▼山茱萸属（*Cornus*）

▼穿叶婆婆纳（*Derwentia perfoliata*）

▼变色绣珠梅（*Holodiscus discolor*）

▼冬青属（*Ilex*）

▼弗吉尼亚鼠刺（*Itea virginica*）

▼鳞叶菊（*Leucophyta browni*）

▼北美山胡椒（*Lindera benzoin*）

▼杨梅属（*Myrica*）

▼稻花（*Pimelea humilis*）

▼映山红Azalea（*Rhododendron*）

▼杜鹃花Rhododendron（*Rhododendron*）

▼漆树属（*Rhus*）

▼醋栗属（*Ribes*）

▼树莓（*Rubus parviflorus*）

▼欧丁香（*Syringa vulgaris*）

P131

▼藤槭（*Acer circinatum*）

▼鸡爪槭（*Acer palmatum*）

▼锡特卡矮桤木（*Alnus viridis* ssp. *sinuata*）

▼河桦（*Betula nigra*）

▼美国白蜡（*Fraxinus americana*）

▼石南叶百千层（*Melaleuca ericifolia*）

▼沙漠铁木（*Olneya tesota*）

▼硾果风箱果（*Physocarpus capitatus*）

▼箭杆杨（*Populus nigra*）

▼绒毛牧豆树（*Prosopis velutina*）

▼柳树属（*Salix*）

▼花楸属（*Sorbus*）

注：由于部分植物为非中国原产的国外植物种类，因此将原著中英文及拉丁文表述直接放入植物名录中。

译后记

雨水花园，是一种通过渗、滞、蓄、净、用、排等多种技术，实现雨水的积存、调蓄、渗透、净化和利用功能的生态可持续性设施。它既满足人们对景观的需求，又强调进行雨水管理再利用；既能控制雨洪，又能降低径流污染。

本书围绕对雨水花园的设计建造、植物配置、后期养护等几个方面进行介绍，通过大量的案例分析讲述了一个全新的、富有创造性的雨水花园设计。泛读此书，我们被作者对书稿精心的设计所吸引，后期精读此书，才发现书中不仅仅是介绍雨水花园这么简单，更多的是作者对雨水花园的分析和思考，以及如何建造一处真正对环境友好的生物滞留盆地，营造一个既美观又可以满足生态功能需要的雨水花园。这里不仅仅有对园林美的追求，还有对艺术的理解，更有对维护可持续发展及生态前沿的科研精神崇高的追求。

无数个日日夜夜的仔细琢磨与反复推敲，不断地感悟作者写书的初衷，逐渐体会作者在传递一种卓越的生态功能至上的景观设计精神，以及对艺术和美的无限向往。

在整个翻译过程中，我们不仅仅学习到国外前沿的雨水花园建造技术以及对园林美、园林景观设计不同的理解，而且对雨水花园及生态园林建设也有了不同的感悟。从古巴比伦空中花园到建造属于自己的雨水花园，由人及己，使读者能够置身绿色，感受自然也改善自然。

初读此书，希望广大读者沉浸在作者的讲述中，渐渐地对雨水花园开始形成自发的理解与认识，构想一个属于自己的景观城市主义设计的雨水花园，并将构想付诸实践。最终实现作者撰写本书的初衷——希望读完此书之人可以独立建造属于自己的雨水花园。

本译著共十万余字，刘慧民完成书稿翻译七万余字，宫思羽完成书稿翻译两万余字，王大庆完成书稿翻译一万余字，何如梦完成图片编辑及校对工作。译稿过程中难免出现错误，望广大读者及时指出，便于日后改正。

东北农业大学园艺园林学院　刘慧民

2020年1月26日